KB009456

소나무가 무성하니
잣나무도 어우렁더우렁

05 우리말에 깃든 생물이야기

소나무가 무성하니 잣나무도 어우렁더우렁

초판 1쇄 발행일 2016년 8월 25일

지은이 권오길
펴낸이 이원중 **펴낸곳** 지성사 **출판등록일** 1993년 12월 9일 **등록번호** 제10−916호
주소 (03408) 서울시 은평구 진흥로1길 4(역촌동 42−13) 2층
전화 (02) 335−5494 **팩스** (02) 335−5496
홈페이지 지성사.한국 | www.jisungsa.co.kr **이메일** jisungsa@hanmail.net

ⓒ 권오길, 2016

ISBN 978-89-7889-320-6 (04470)
ISBN 978-89-7889-275-9 (세트)

이 도서의 국립중앙도서관 출판시도서목록(CIP)은 서지정보유통지원시스템 홈페이지
(http://seoji.nl.go.kr)와 국가자료공동목록시스템(http://www.nl.go.kr/kolisnet)에서
이용하실 수 있습니다. (CIP제어번호:CIP2016018237)

소나무가
무성하니
잣나무도
어우렁더우렁

지성사

스무 해 넘게 글을 써 오던 중 우연히 '갈등葛藤' '결초보은結草報恩' '청출어람靑出於藍' '숙맥菽麥이다' '쑥대밭이 되었다' 등의 말에 식물이 오롯이 숨어 있고, '와우각상쟁蝸牛角上爭' '당랑거철螳螂拒轍' '형설지공螢雪之功' '밴댕이 소갈머리' '시치미 떼다'에는 동물들이 깃들었으며, '부유인생蜉蝣人生' '와신상담臥薪嘗膽' '이현령비현령耳懸鈴鼻懸鈴' '재수 옴 올랐다' '말짱 도루묵이다' 등에는 사람이 서려 있음을 알았다. 오랜 관찰이나 부대낌, 느낌이 배인 여러 격언이나 잠언, 속담, 우리가 습관적으로 쓰는 관용어, 옛이야기에서 유래한 한자로 이루어진 고사성어에 생물의 특성들이 고스란히 담겨 있음을 알았다. 글을 쓰는 내내 우리말에 녹아 있는 선현들의 해학과 재능, 재치에 숨넘어갈 듯 흥분하여 혼절할 뻔했다. 아무래도 이런 글은 세상에서 처음 다루는 것이 아닌가 하는 생각에서였으며, 왜 진작 이런 보석을 갈고닦지 않고 묵혔던가 생각하니 후회막급이었다. 그러나 늦다고 여길 때가 가장 빠른 법이라 하며, 세상에 큰일은 어쭙잖게도 우연에서 시작하고 뜻밖에 만들어지는 법이라 하니……

정말이지, 글을 쓰면서 너무도 많은 것을 배우게 된다. 배워 얻는 앎의 기쁨이 없었다면 어찌 지루하고 힘든 글쓰기를 이렇게 오래 버텨 왔겠으며, 이름 석 자 남기겠다고 억지 춘향으로 썼다면 어림도 없는 일이다. 아무튼 한낱 글쟁이로, 건불만도 못한 생물 지식 나부랭이로 긴 세월 삶의 지혜와 역사가 밴 우리말을 풀이한다는 것이 쉽지 않겠지만 있는 머리를 다 짜내 볼 참이다. 고생을 낙으로 삼고 말이지. 누군가 "한 권의 책은 타성으로 얼어붙은 내면을 깨는 도끼다"라 설파했다. 또 "책은 정신을 담는 그릇으로, 말씀의 집이요 창고"라 했지. 제발 이 책도 읽으나 마나 한 것이 되지 않았으면 좋겠다.

"밭갈이가 육신의 운동이라면 글쓰기는 영혼의 울력"이라고 했다. 그런데 실로 몸이 예전만 못해 걱정이다. 심신이 튼실해야 필력도 건강하고, 몰두하여 생각을 글로 내는 법인데.

이 책을 포함하여 최소한 5권까지는 꼭 엮어보고 싶다. 이번

작업이 내 생애 마지막 일이라 여기고 혼신의 힘을 다 쏟을 생각이다. 새로 쓰고, 쓴 글에 보태고 빼고 하여 쫀쫀히 엮어 갈 각오다. '조탁'이란 문장이나 글 따위를 매끄럽게 다듬음을 뜻한다지. 아마도 독자들은 우리말 속담, 관용구, 고사성어에 깊숙이 스며 있는 생물 이야기를 통해 새롭게 생물을 만나 볼 수 있을 터다. 옛날부터 원숭이도 읽을 수 있는 글을 쓰겠다고 장담했고, 다시 읽어도 새로운 글로 느껴지며, 자꾸 눈이 가는, 마음이 한가득 담긴 글을 펼쳐보겠다고 다짐하고 또 다짐했는데, 그게 그리 쉽지 않다. 웅숭깊은 글맛이 든 것도, 번듯한 문장도 아니지만 술술 읽혔으면 한다. 끝으로 이 책에서 옛 어른들의 삶 구석구석을 샅샅이 더듬어 봤으면 한다. 빼어난 우리말을 만들어 주신 명석하고 훌륭한 조상님들이 참 고마울 따름이다.

차례

일러두기

1. 학명은 이탤릭체로 표기하였다.

2. 책 이름은 「 」로, 작품(시, 소설, 그림, 노래) 제목은 「 」로 표기하였으며, 신문과 잡지 명은 〈 〉로 구분하였다.

3. 어려운 한자나 외래어는 되도록 쉬운 우리말로 표기하고자 하였으며, 의미를 좀 더 분명하게 하기 위해 필요한 경우 한자 또는 영문을 병기하였다.

똥 싼 주제에 매화타령한다

"매화를 보다"란 똥을 눈다는 말로, 옛날 궁중에서 똥을 '매화'라 이른 데서 비롯된 말이다. 그래서 "똥 싸고 매화타령한다"거나 "똥 싼 주제에 매화타령한다"라고 하면 제 허물을 부끄러워할 줄 모르고 비위 좋게 날뛴다는 말이다. 매화와 비슷한 말로 '매우梅雨'도 있으니, '매梅'는 궁중에서 대변을, '우雨'는 소변을 이르는 말로 쓰였다. 조금 다른 이야기지만 '매우'는 매실이 익을 무렵에 내리는 비라는 뜻도 있으니, 해마다 유월 상순부터 칠월 상순에 걸쳐 이어지는 장마를 뜻하는 말이기도 하다.

다음은 매화에 얽힌 중국 고사 한 토막이다.

중국 삼국시대 위나라의 조조가 대군을 거느리고 출병했는데 길을 잃은 군사들이 몹시 피로했다. 아무리 둘러보아도 물 한 방울 보이지 않자 군졸들은 갈증을 느껴 행군조차 할 수 없을 지경에 이르렀다. 이에 조조는 큰소리로 군사들을 향해, "저 산을 넘으면 큰 매화나무 숲이 있다. 거기서 열매를 따 먹자"라고 외쳤다. 이 말을 들은 군졸들은 매실을 생각하니 금방 입안에 침이 돌아 해갈할 수 있었다. 이 고사에서 '매림지갈梅林止渴'란 말이 탄생하였다.

매화는 옛날부터 문인묵객文人墨客의 사랑을 받은 꽃이었다. 매화를 달리 일러 '빙자옥질氷姿玉質'이라 하는데, 얼음같이 맑고 깨끗한 살결과 구슬같이 아름다운 자질을 이르는 말이다. 또 '아치고절雅致高節'이라 하여 아담한 풍치風致와 고상한 절개를 일컬었으며, '화괴花魁'라고도 불렀는데 '꽃의 우두머리'라는 뜻이니 매화가 제일 먼저 피는 꽃이기 때문이다.

중국 송나라 임포林逋는 매화 그림에 절대적 영향을 준 사람이다. '매화를 아내 삼고 학을 아들 삼아' 숨어 살았다고 하여 사람들은 그를 '매처학자梅妻鶴子'라고 불렀다. 매화와 지내다 보면 매화가 된다고 했던가. 이른 봄 송곳 추위를 무릅쓰고 제일 먼저 꽃을 피우는 매화, 깊은 산중에 청초한 자태와 은은한 향기로 피어나는 난초, 늦가을 모진 서리를 이겨내는 국화, 그리고 한겨울에도 푸름을 잃지 않는 대나무, 이 네 가지가 바로 선비를 상징하는 사군자인 매란국죽梅蘭菊竹이다. 선비들이 봄의 전령인 매화나무를 아끼는 까닭은 추운 날씨에도 굳은 기개로 피우는 하얀 꽃과 은은하게 배어나는 향기, 즉 매향梅香 때문이었다. 이른 봄 눈 속에서 꽃을 피우는 매화는 선비의 지조를 쏙 빼닮았다. 특히 추위를 이기고 꽃을 피운다 하여 불의에 굴하지 않는 선비정신의 표상으로 삼아 정원에 흔히 심었고, 시나 그림의 소재로도 많이 등장했다.

매화Prunus mume의 딴 이름은 매실나무이다. 장미과의 낙엽활엽수로, 매화는 꽃을 강조한 이름이고 열매를 강조한 것이 매실나무이다. 매화는 키가 4~10미터까지 자라고, 다른 어느 나무보다 꽃이 일찍 피며 꽃잎이 진 다음에 잎이 난다. 서로 어긋나게 자리하는 잎은 달걀꼴 또는 긴 달걀꼴로 끝이 뾰족하고 밑동은 둥글다. 잎사귀의 길이는 3~7센티미터로 가장자리에는 작으면서도 예리한 톱니가 있다. 매화의 원산지는 중국 남부 양자강 근방으로 한국, 일본, 대만, 베트남 등지로 전파되었다고 하는데, 우리나라에 들어온 연대는 정확히 알 수 없다.

꽃은 지난해 잎이 붙어 있던 자리에서 한두 송이씩 봉긋이 가지에 바싹 들러붙은 상태로 핀다. 지름이 2~3센티미터 정도인 둥근 꽃잎 다섯 장으로 이루어지고 싱그럽고 강한 향기를 풍긴다. 꽃이 지고 난 뒤에는 딱딱하고 맛이 매우 시고 떫은 열매를 조록조록 맺으며, 익으면 두둑한 과육이 부드럽고 달짝지근한 것이 노랗게 물든다. 가운데열매껍질은 육질이고 속열매껍질은 나무처럼 단단한 핵과核果로, 그 안에 종자가 들어 있다.

매화나무는 꽃이 일찍 핀다 하여 '조매早梅', 추운 날씨에 핀다 하여 '동매冬梅', 눈 속에서 핀다 하여 '설중매雪中梅'라고도 부른다. 또 색에 따라 희면 '백매白梅', 붉으면 '홍매紅梅'라고 부른다. 매화의 고운 자태, 맑은 향기, 조촐한 지조를 취하여 기생의 이름에도 매화가 많이 들어갔으니, 옥매玉梅, 설매雪梅, 월중매月中梅, 매향梅香, 매화梅花 등이 있다. 그러고 보니 춘향의 어미 이름이 월매月梅 아니던가. 아무튼 매화의 꽃말은 고결, 충실, 인내, 맑은 마음이라 한다.

우리나라를 대표하는 화가 김홍도도 매화를 무척 사랑했다. 하루는 어떤 사람이 김홍도에게 매화나무를 팔려고 왔지만 돈이 없어 살 수 없었다. 때마침 어떤 사람이 그림을 청하고 사례비로 3천 냥을 주자 김홍도는 2천 냥으로 매화나무를 사고 나머지는 술을 사서 친구들과 함께 마셨다 하니 이것이 '매화음梅花飲'이다. 이 밖에도 매화에 얽힌 이야기는 아주 많지만 그중 퇴계 이황의 유언, "매화 분재에 물을 주거라"도 빼놓을 수 없다.

매화의 열매 매실梅實은 살구를 많이 닮았다. 색은 녹색이고 잔털로 덮였으며 익으면 황색으로 변하는데, 푹 익기 전 풋것을 따서 소금에 절였다가 햇볕에 말린 것은 '백매白梅', 소금에 절이지 않고 볏짚을 태워 연기를 쐬면서 말린 것을 '오매烏梅',

'훈매薰梅'라 하여 약용하였다. 매실에는 살구와 복숭아씨 속에 든 아미그달린amygdalin이라는 암세포를 죽이는 성분과 피로 해소에 좋은 능금산, 구연산 등의 유기산이 들어 있다. 또 근래 밝혀진 사실로는 위궤양을 일으키는 헬리코박터 파일로리균을 억제하고 입안의 구취를 일으키는 세균을 억제하며 근육에 산소를 공급하는 데도 효능이 뛰어나다고 한다.

퍼런 풋열매에 같은 양의 설탕을 쟁여넣고 열 배의 소주를 부어 오래오래 묵히는 매실주를 담그니, 술과 친구는 묵은 것이 좋다. "곯아도 젓국이 좋고 늙어도 영감이 좋다"는 말과 흡사하달까. 일본 사람들은 잼, 주스, 소스 말고도 시고 짭조름한 매실장아찌(우메보시)를 즐겨 만들어 먹는다고 한다.

끝으로 선비의 기개를 가장 잘 표현한 '매일생한불매향梅一生寒不賣香'이란 말이 있으니, 매화나무는 일생 동안을 한데서 추운 겨울을 나고 이른 봄에 꽃을 피우지만 결코 향을 팔지 않는다고 한다. 모름지기 선비는 매화를 닮아야 할 것이다.

너구리도 들 구멍 날 구멍을 판다

"너구리 굴 보고 피물 돈 내어 쓴다"라는 속담이 있다. 너구리 굴을 보고 벌써 너구리를 잡아 피물(짐승의 가죽)을 팔아 갚을 생각으로 빚을 내어 쓴다는 뜻으로, 일이 되기도 전에 거기서 나올 이익부터 생각하여 돈을 앞당겨 씀을 비유적으로 이르는 말이다. 또 "너구리(를) 잡다"란 닫힌 공간에서 불을 피우거나 담배를 태워 연기를 많이 내다라는 뜻으로, '덩치 큰 사람들이 도박판에서 너구리를 잡았다'처럼 쓴다. 들 구멍에 매캐한 연기를 피우면 굴 속에 든 오소리나 너구리가 연기에 못 견디고 날 굴로 튀어나오니, 그때 때려잡는다는 데서 생겨난 말이 아닌가 싶다. 이 밖에도 "너구리도 들 구멍 날 구멍을 판다"는 무슨 일을 하든 나중을 생각해야 하니 미리 들고날 수를 준비하라는 말이다.

서양 사람들이 '밤의 방랑자'라고 부르는 너구리*Nyctereutes procyonoides*는 개과의 포유동물로, 얼핏 보면 미국너구리 라쿤과 비슷하여 '라쿤 도그*raccoon dog*'라고도 한다. '미국너구리를 닮은 개'라는 뜻인데, 꼴은 많이 비슷해도 실제로는 유연관계(생물의 분류에서 서로 어느 정도 가까운가를 나타내는 관계)가 아주 멀다. 한국과 중국, 일본 등 동아시아가 원산지이며 이후 유럽으로 널리 유출되어 곳곳에서 서식한다.

너구리는 세계적으로 다섯 종이 있다. 한국에는 그중 고유한 너구리 아종亞種인 '코리안 라쿤 도그*Nyctereutes procyonoides koreensis*'가 있는데, 이 종의 염색체 수는 2n=54개다. 아종이란 종을 다시 나누는 생물 분류 단위로 종의 바로 아래 자리를 차지한다. 한 종으로 독립할 만큼 다르지는 않지만 서로 다른 점이 많을 때 아종으로 분류하며, 한 종은 여러 아종으로 나뉘는 수가 있다. 아종끼리는 교잡·번식이 되지만 종 사이에는 새끼가 생기지 않는다.

너구리는 몸길이가 50~68센티미터이고, 꽁지는 15~18센티미터로 매우 짧고 둥글넓적하다. 몸무게는 7~10킬로그램으로 몸이 땅딸막하고, 어두운 갈색(고동색)의 네 다리는 짧은 데 비해 몸집이 비대하기 때문에 통 빨리 달리지 못한다. 검은 안경

을 쓴 듯 눈 아래에 검정색 큰 점이 있어 눈이 움쑥 들어간 것처럼 보이고, 귓바퀴는 작고 둥글며 주둥이는 뾰족하다. 털은 길고 대체로 황갈색인데 등 쪽 중앙부와 어깨 끝에는 검은색 털이 수북이 난다. 계절에 따라 털갈이를 하여 추운 겨울이 되면 긴 털이 더 길어진다. 개처럼 컹컹 짖지는 못하지만 그냥저냥 꽥꽥거리거나 앙칼지게 으르렁거리기는 한다.

보기보다 실속 있는 일을 할 때 "너구리 굴에서 여우 잡는다"고 한다. 너구리는 굴을 직접 파거나 바위틈을 이용해 사는데, 가끔은 여우나 오소리가 만들어놓은 굴에 다짜고짜 곁다리 끼어들기(꼽사리)도 한다. 그래서인지 "똥 진 오소리"란 속담도 있는데, 오소리가 너구리 굴에서 어우렁더우렁 살면서 너구리의 똥까지 져 나른다는 뜻으로, 남이 더러워서 하지 않는 일을 도맡거나 남의 뒤치다꺼리를 하는 사람을 놀림조로 이르는 말이다. 너구리는 대소변을 보는 자리가 일정하니 여러 마리가 연방 싸대면 너구리 소굴 밖은 어느새 꼬들꼬들한 똥이 무더기로 쌓이게 된다. 너구리 똥은 먹이에 따라 모양이 조금씩 다르지만 보통은 둥글둥글하며 굵고 긴 꼴이다.

너구리는 야행성 동물이지만 낮에도 가끔 숲속에 나타날 때가 있다. 대체로 덤불이나 바위 사이, 큰 나무 밑 구멍이나 동굴 속에서 자다가 밤이 되면 활동을 시작한다. 게, 지렁이, 곤

충, 들쥐, 뱀, 무당개구리, 두꺼비, 고슴도치, 두더지까지 잡아
먹으며, 나무를 타는 버릇이 있어 다래, 머루, 도토리 같은 나
무열매까지 애당기는(마음에 끌리는) 족족 따먹으니, 개과의 어떤
동물보다도 기막힌 먹성을 자랑하는 소문난 잡식성 먹보다.
여우와 늑대, 독수리가 주된 포식자인데, 우리나라에 여우와
늑대가 없으니 제 세상일 법하지만 진짜 무서운 포식자는 사
람이다.

우리나라 전국에 분포하는 너구리는 특히 물고기가 풍부한
계곡이나 수풀에 서식하며, 꽤나 높은 산에서도 볼 수가 있다.
근래에는 도시화와 남획 등으로 세계적으로 개체 수가 감소 추
세에 있다고는 하지만 한국은 큰 문제가 되지 않을 듯하다. 도
심까지도 내려와 터를 넓히고 있는 실정이라 서울의 종묘, 창
경궁, 창덕궁을 비롯한 여러 녹지 생태공원 등지에 여전히 너
구리가 득실거린다. 이러쿵저러쿵 말이 많지만 인간과 묵은 관
계를 줄기차게 이어온 짐승이라 아마도 옛날에는 더 많은 놈들
이 서울에 살았을 터이다.

너구리는 여우나 늑대와 달리 개과에 속하는 동물 가운데 유
일하게 겨울잠을 잔다. 동면 전에 기름이 두둑해지도록 피하지
방을 18~23퍼센트, 내장지방은 3~5퍼센트 늘리며, 그렇게 하
지 못한 놈은 월동하지 못하고 죽는다. 동면 중에는 대사 기능

이 25퍼센트 감소하여 초췌해지며, 동면 기간인 11월에서 이듬해 3월까지는 꼼짝달싹하지 않지만, 곰이 그렇듯 간혹 한겨울에도 굴 밖을 나와 어슬렁거리니 진정한 동면은 아닌 셈이다. 개과 동물이므로 간혹 광견병의 발병 원인이 되기도 하는데, 대부분은 직접 개를 깨물기보다는 개와 접촉해 병원균을 옮긴다.

너구리는 암수가 따로 살다가도 가을에 만나 밤이나 땅거미 지는 초어스름 무렵에 6~9분간 교미한다. 특히 암컷은 다섯 번 넘게 다른 수컷들과 교잡한다고 한다. 번식 시기는 초봄이고, 임신 기간은 60~63일이며, 한배에 벅적벅적 새끼 예닐곱 마리를 낳는 것이 보통이고 많으면 올망졸망 열여섯 마리까지 낳는다. 새끼의 무게는 60~110그램이며, 자연 상태에서 평균 수명은 7~8년이다. 고기는 맛이 별로라 잘 먹지 않고, 대신 털가죽으로 방한용 모자를 만들 수 있기에 중국에서는 농장에서 너구리를 일부러 사육하기도 한다.

너구리는 다소 둔해 보이는 외모 때문에 능청맞고 의뭉스러운 동물로 인식되어 있다. 아무튼 너구리의 꾀는 여우를 능가하고, 게으름과 무지함은 곰을 앞지르며, 음흉함은 늑대를 넘어선다고 하니, 넉살 좋고 음흉한 사람을 '너구리 같다' 한다지.

핑계 핑계 도라지 캐러 간다

칠팔월 텃밭 한구석에 보라색 도라지와 백도라지 꽃이 어우렁더우렁 피었다. 봉곳이 벙글은 풍선 꼴의 꽃망울을 꽉 눌러보면 빵 하고 터지니, 말썽꾸러기들의 장난은 여기서 멈추지 않는다. 활짝 핀 진보라 꽃봉오리를 따 왕개미 한 마리를 잡아넣고 꽃부리 가장자리를 싸잡아 쥔 채, "신랑 방에 불 써라 각시방에 불 써라" 큰소리를 지르며 한참을 마구 휘몰아 빙글빙글 돌린 다음, 꽃 아가리를 열라치면 후줄근해진 개미는 비치적거리며 부리나케 내뺀다. 저런, 울긋불긋 꽃잎 새새에 새빨간 초롱불이 촘촘히 여럿 켜져 있다! 갇혔던 개미가 흔듦에 움찔움찔 놀라 질금질금 싼 개미산이 청사초롱을 매달았으니, 산성인 의산이 보라색 꽃물을 붉게 물들인 것이다. 신통방통한 요술이로군!

예전에 한 일간지에 실었던 글의 한 토막이다. 꽃 세포 속의 안토시아닌(화청소花青素)이 산성에서는 붉은색을, 중성에서는 보라색을, 알칼리성에서는 푸른색을 띤다는 것을 이끌어내기 위한 글이었는데 여기서 도라지꽃을 예로 들었다.

도라지에 얽힌 속담을 보자. 먼저 "쓴 도라지 보듯"은 "원두한이 쓴 외(오이) 보듯"과 같은 속담인데, 남을 멸시하거나 무시함을 이르는 말이다. 원두한이는 원두를 부치는 사람, 즉 원두막 주인을 이르는 말인데, 그 원두한이가 팔 수 없는 쓴 외를 보듯 한다는 말이니 그 뜻을 짐작할 만하다. 또 "핑계 핑계 도라지 캐러 간다"는 속담도 있는데, 적당한 다른 일을 내세워 제 볼일을 보러 간다는 말이다. 원래 도라지는 심심산중이나 산자락에 나는지라 '뽕도 따고 임도 보는' 두 가지 일을 동시에 이룸을 뜻하는 말이렷다.

도라지는 초롱꽃과의 여러해살이풀로, 야산이나 해발 1천 미터에 이르는 산지의 양지에서 자란다. 경남 산청에서는 도라지를 '돌가지'라 부르는데, 잎은 긴 달걀 모양으로 어긋나고 끝은 날카로우며 가장자리에 톱니가 있지만 잎자루는 없다. 잎 앞면은 녹색이고 뒷면은 회색빛을 띤 파란색이며, 길이는 4~7센티미터에 너비는 1.5~4센티미터이다. 줄기는 40~100센티미터 정도로 곧추서 자라며, 7~8월에 지름 4~5센티미터의 흰색과 보라색 꽃이 핀다. 꽃망울은 풍선 모양이지만 헤벌어지면 종鐘 모양으로 끝이 갈라져 다섯 갈래가 된다. 꽃받침도 다섯 개로 나뉘고, 수술 다섯 개에 암술은 한 개이며, 씨방은 다섯 실室이다. 열매는 익으면 열매껍질이 말라 쪼개지면서 씨를 퍼뜨리는 삭과蒴果로, 타원형이고 꽃받침 조각이 달린 채로 익으며, 종자는 새까만 것이 아주 작아 털면 먼지처럼 날아간다.

서양 사람들은 도라지 꽃봉오리가 풍선 꼴을 닮았다 하여 '벌룬 플라워balloon flower'라고 하며, 활짝 피면 쇠북 모양을 하기에 '벨플라워bellflower'라고도 한다. 한국, 일본, 중국 등 동아시아에 분포하는 도라지를 '코리안 벨플라워Korean bellflower', '재패니스 벨플라워Japanese bellflower', '차이니스 벨플라워Chinese bellflower'로 구분해 부르기도 한다. 보통 밭에 많이 심는 도라지Platycodon grandiflorum 외에도 변종으로 흰색 꽃이 피는 백도라지P. grandiflorum for. albiflorum, 겹꽃인 겹도라지P. grandiflorum for. duplex, 흰색 겹꽃인 흰겹도라지P. grandiflorum for. leucanthum가 있다.

참고로 품종은 위의 학명에서 보듯이 forma의 약자인 for.로 표시하고, 변종은 찔레Rosa multiflora의 변종 좀찔레Rosa multiflora var. quelpaertensis처럼 varietas를 줄여 var.로 쓰며, 속명은 같은 논문이나 글에서 두 번째부터는 약자를 쓴다.

도라지는 잎이나 뿌리를 자르면 하얀 즙액이 나오는데 이것이 사포닌saponin이다. 사포닌은 뿌리, 줄기, 잎, 껍질, 씨에 들어 있으며, 인삼이나 도라지 외에도 더덕, 두릅, 엄나무(개두릅), 양배추, 당근, 셀러리, 파슬리, 감초, 생강, 마늘, 콩에도 들어 있다. 생약에 쓰는 도라지를 길경桔梗이라 하는데, 뿌리의 껍질을 벗기거나 그대로 말린 도라지이다. 한방에서는 소염, 진통, 진해, 거담 등에 쓰며 신경통, 편도선염에도 약재로 사용한다. 보통 목에 가래가 많으면 도라지를 복용하니 기침과 가래 약으로 유명한 '용각산'의 주재료가 바로 도라지다. 오죽하면 한때 우리나라에서 '도라지 담배(도라지연)'가 있었을라고.

도라지는 두세 해 된 어린뿌리를 주로 먹는다. 날로 먹기도 하지만 쓴맛이 나기에 미리 하루쯤 물에 담가 쓴맛을 우려내고 살짝 데쳐 먹는다. 차, 생채, 무침, 나물볶음을 주로 해 먹으며, 구황식품으로도 중요한 역할을 해서 도라지 밥은 흉년의 대용식이었다는 기록도 있으니 과연 '초근목피草根木皮'의 초근인 셈이다.

약에 쓸 도라지는 2~3년 된 사시랑이(가늘고 약한 물건이나 사람)를 옮겨 심어 5년쯤 되어야 상품 가치가 있다고 한다. 땅이 딱딱한 곳에서는 뿌리가 깊게 들지 못하고 가지를 여러 갈래 치고 번나지만, 부드러운 흙에서는 쪽 곧은 외 대궁 팔등신이 아주 깊숙하게 파고든다. 잡초가 무성한 묵정밭 같은 곳에 씨를 뿌려두는데, 밭에 난 도라지는 양반이지만 산의 놈들은 캐는 게 여간 힘들지 않다. 그래서 쇠로 황새의 부리처럼 양쪽으로 길게 날을 내고 가운데 구멍에 긴 자루를 끼운 손곡괭이가 필수품이다. 꽃을 보고 찾은 도라지를 낑낑 힘들여 캐내니, 어찌 그리도 돌멩이 사이를 꼬불꼬불 악착스레 디밀고 들었단 말인가. 참 용하다는 생각이 든다.

여하튼 식용·약용으로 일찍부터 널리 쓰인 도라지는 우리 겨레의 삶과 매우 친근한 식물이다. 도라지에 관한 한국인의 정서는 각지에서 전승된 「도라지타령」에서도 쉽사리 엿볼 수 있다. 내 어머니도 가끔 "도라지 도라지 백도라지 심심산천에 백도라지" 하고 콧노래를 불렀더랬지. 어디 그뿐일라고. "도라지 캐러 가자 헤이 맘보"로 시작하는 「도라지 맘보」라는 노래도 있다. 참, 도라지의 꽃말은 '영원한 사랑'이라지.

좀스럽다

좀silverfish은 좀목 좀과의 곤충으로, 세계적으로 350종 안팎이 알려져 있다. 우리나라에는 단 1종이 있으니 좀Ctenolepisma longicaudata의 아종인 한국좀Ctenolepisma longicaudata coreana으로, '오리엔탈 실버피시oriental silverfish'로 불린다. 습도가 75~95퍼센트인 상태에서 가장 활발하게 활동하기 때문에 우리나라에서는 한더위 장마철이 생활하기에 적기이다. 주로 음습한 곳에 우글거리고, 야행성에다 행동이 민첩하여 사람이 가까이 가면 재빨리 달아나므로 자세하게 관찰하기가 쉽지 않다. 게다가 지금은 거의 멸종 상태라 좀을 찾기가 쉽지는 않다.

'좀'과 관련된 속담과 관용구를 몇 가지 살펴보겠다. 먼저 "좀이 들다"라고 하면 좀이 물건을 쏠아 먹는다는 뜻인데, 북한에서는 무엇을 해치는 잡스러운 병이나 사상 따위가 붙음을 이르는 말로도 쓴다. 또한 "좀이 툇기둥을 넘어뜨린다"는 좀이 툇간 기둥을 쓰러뜨린다는 말이니, 하찮은 것이 큰일을 망쳐 놓는 경우를 비꼬아 이르는 말이다. "갖(가죽)에서 좀 난다"라는 속담은 가죽을 쏠아 먹는 좀이 가죽에서 생긴다는 뜻이니 화근 이 그 자체에 있음을 나타내기도 하고, 형제간이나 동류끼리의 싸움은 양편에 모두 다 해롭다는 뜻으로도 쓰인다. 이 밖에도 '좀팽이'라 하면 몸피가 작고 좀스러운 사람을 낮잡아 이르거 나 자질구레하여 보잘것없는 물건을 말하며, "좀스럽다"란 사 물의 규모가 보잘것없이 작거나 도량이 좁고 옹졸함을 뜻한다. 한 가지 짚고 넘어가자면, '좀벌레'라는 표현은 의미가 중복이 되는 셈이니 그냥 '좀'이 올바른 표현이다.

좀은 몸길이가 11~13밀리미터 정도이다. 날개가 없고 배의 끝마디에 체장 세 개보다 더 길쭉한 꼬리 부속기관(양쪽 두 꼬리와 가운데꼬리)이 있다. 더듬이, 턱수염, 다리, 꼬리, 센털 등은 모두 황갈색이고, 머리의 앞쪽 가운데가 약간 오목하며 가장자리에 센털이 서너 쌍 난다. 머리에 있는 긴 더듬이 한 쌍은 채찍 모 양이고, 입 모양은 씹기 편하게 되어 있으며, 겹눈은 작고 홑눈 은 없다.

좀을 영어로 '실버피시'라고 부르는 이유는 가슴은 크지만 배가 뒤로 갈수록 점점 가늘어지는 유선형 모양으로, 꼼지락꼼지락 움직이는 꼴이 물고기를 닮았기 때문이다. 등과 배가 약간 광택이 나는 은회색 작은 비늘로 거슬거슬 덮여 있어 붙은 이름이라고 하는데, 우리도 옛날에 좀을 '의어衣魚', '백어白魚'라고 불렀으니 동서고금을 막론하고 좀을 보는 눈이 별반 다르지 않았던 셈이다.

좀은 대부분 인가 부근의 낙엽이나 돌 밑에 산다. 집 안에 들어와 책이나 족자의 녹말(풀)은 물론이고, 책갈피, 카펫, 옷, 커피, 머리비듬, 털, 페인트, 종이, 사진, 설탕 말고도 면이나 비단, 침대 시트, 식탁보, 베갯잇, 죽은 곤충, 하물며 제가 벗은 제 허물(외골격)도 버젓이 먹고 산다. 요즘은 장판이나 벽지가 석유화학 제품으로 바뀌고 옷감도 화학섬유로 바뀌면서 먹이가 크게 줄어 개체 수가 격감했다. 집게벌레, 지네, 거미 따위가 좀을 잡아먹는 천적이다.

다행스럽게도 좀은 질병을 매개하는 일은 거의 없다. 드물게 개미나 흰개미 등의 집에 기생하는 종도 있으며, 꺼림칙하게도 눈이 전연 없는 무리도 많다 한다.

암수 좀이 만나면 짝짓기 전에 애무하는 전희前戱 행위를 30분에 걸쳐 3단계로 한다. 암수가 마주보고 더듬이를 요란스럽게 마구 떨면서 허겁지겁 반복해 앞으로 갔다 뒤로 갔다 하다가 수컷이 도망을 가면 암놈이 바락바락 악을 쓰며 따라붙는다. 마지막으로 옆옆이 몸을 서로 엇갈리게 붙여 수놈이 꼬리를 세게 흔들면서 정자 꾸러미를 내밀면, 암놈이 스스럼없이 수란관으로 눈 깜짝할 사이에 집어넣는다. 암컷은 이곳저곳 틈새에 보통 알 60개 정도를 한번에 낳는다. 알은 0.8밀리미터 정도이며 부화하는 데 2주에서 2개월이 걸린다. 유생은 특이하게도 보통 탈피를 60여 번 하는데, 성체가 되어서도 탈피를 하는 몇 안 되는 곤충이다. 1년에 서너 번 산란을 하며, 불완전 탈바꿈을 하기 때문에 애벌레와 성충의 겉모습이 그리 다르지 않다.

'좀' 하면 책갈피에 달려드는, 하얗고 눈에 겨우 보이는 '몸이 sucking lice'처럼 생긴 '책벌레'로 착각하는 사람이 많다. 책벌레의 원래 이름은 '먼지다듬이벌레 _Troctes divinatoria_'이며, '다듬이벌레과科'에 들어 '좀과'의 좀과는 모양과 크기가 완전히 다른 곤충이다. 먼지다듬이벌레의 '먼지'는 역시 '작다'는 뜻이고 다듬잇방망이를 닮았다 하여 붙인 이름이다. 서양에서는 '책이 book lice'라 하며 일명 '책벌레'로 부른다.

책벌레는 덥고 습한 환경을 좋아하며 주로 서가의 고서古書나 쌓아둔 종이더미 또는 종이상자 속에서 서식한다. 몸뚱이는 연약하고 뚱뚱한 편이며 집 안에서 사는 놈들은 날개가 없

다. 크기는 1.6밀리미터 정도로 눈곱만 한 것이 아주 작고, 다리 세 쌍 중에서 뒷다리가 제일 굵어서 빠르게 움직인다. 성체는 반투명한 흰색이거나 회갈색이고, 또렷하고 큰 겹눈 두 개와 홑눈 세 개가 있다. 머리 방패는 크고 볼록하며, 긴 더듬이는 실오라기 모양으로 길고 12~50마디로 이루어져 있다.

책벌레는 실제로는 빈대 유충을 닮았다. 오직 진균(균류菌類)인 곰팡이만 먹고 살기 때문에 만일 곡식이나 음식, 책에 이것이 많이 끼고 들끓는다면 습도와 온도가 적합하여 곰팡이가 핀 탓이다. 따라서 책을 거덜 내는 것은 결코 책벌레가 아니고 거기에 붙은 곰팡이 놈들이다. 그러니 장마철에 곰팡이가 피는 것을 막자고 자주 책을 바람 쐬는 '거풍擧風'을 하는 것이다. 책이 너덜너덜 다 상했다고 애먼 책벌레를 탓하지 말지어다.

오줌에 뒷나무

"오줌에 뒷나무"라는 속담이 있다. 밑씻개가 필요 없는 오줌을 누고 뒷나무를 밑씻개로 썼다는 뜻이니, 합당하지 않은 사물이나 행위를 이르는 말이다. 뒷나무는 밑씻개로 쓰는 가늘고 짧은 나뭇가지나 나뭇잎을 말하는데, 사실 신문지 한 장 구할 수 없었던 시골에서 원시생활을 했던 필자도 집 통시(뒷간)에서는 똥을 누고 지푸라기를 싹싹 비며 밑을 닦았고 산이나 들판에서는 넓적한 돌멩이나 풀이파리를 밑씻개로 썼더랬다. 생각해보면 그 시대의 사람들 항문은 무척이나 질겼던 모양이다.

오줌에 얽힌 속담이나 관용어는 이 밖에도 많다. "오줌 누는 새에 십 리 간다"는 무슨 일이나 매우 빨리 지나감을, "병아리 오줌"은 아주 보잘것없는 분량이나 가치를, "발등에 오줌 싼

다"는 너무 바쁜 경우를, "언 발에 오줌 누기"는 임시변통은 될지 모르나 효력이 오래가지 못할 뿐만 아니라 결국에는 사태가 더 나빠짐을 이르는 말이다. 또한 "꼬부랑자지 제 발등에 오줌 눈다"는 자기가 한 짓이 자기를 모욕하는 결과가 됨을, "돼지 오줌통 몰아놓은 이 같다"는 두툼하게 생긴 얼굴이 허여멀끔하기만 하고 아름답지 못함을, "꼴에 수캐라고 다리 들고 오줌 눈다"는 되지 못한 자가 나서서 젠체하고 수작함을 비꼬아 이르는 말이다.

오줌은 점잖게 일러 '소변', 더 완곡하게는 '소피'라고 한다. 어릴 때 불장난을 하고 잠들면 오줌을 지려 이불에 지도를 그리고, 이튿날 아침 멋쩍게 키를 뒤집어쓰고 옆집에 소금을 얻으러 가야 했으니 '오줌싸개'로 놀림당하기 일쑤였다. 그래도 동네방네 쏘다니며 놀다가 소피가 마려우면 집으로 달려가 오줌통에 깔기고 왔으니, 호랑이 담배 피우던 시절에는 오줌을 액비(물거름) 중 최고로 쳤기 때문이다.

오줌은 미토콘드리아에서 일어나는 세포호흡인 물질대사의 결과로 생긴 여러 노폐물이다. 방광에 저장하였다가 일정한 양에 달하면 방광의 괄약근을 열어 내보내는데, 탄소·산소·수소로 구성된 탄수화물과 지방은 이산화탄소와 물로 분해되어 호흡과 소변으로 고스란히 배출되지만, 질소 성분이 든 단백질은

이산화탄소와 물 말고도 암모니아 같은 질소 대사 화합물이 생긴다. 암모니아는 유독성이 있기 때문에 간에서 오르니틴 회로를 거쳐 요소尿素로 전환되고, 혈액을 따라 신장에 도달하여 신소체腎小體에서 걸러져 세뇨관細尿管을 타고 오줌보(방광)로 내려간다. 여기서 오르니틴 회로란 간에서 독성 있는 암모니아를 덜 해로운 요소로 전환하는 화학 반응 경로를 말한다. 세 가지 아미노산인 오르니틴ornithine, 시트룰린citrulline, 아르기닌arginine이 암모니아와 이산화탄소를 결합해 요소를 만들기 때문에 '요소 회로'라고도 한다.

수중 무척추동물이나 어류는 암모니아를 그대로 수중에 방출하고, 파충류나 조류는 요산尿酸으로 전환하며, 양서류와 포유류는 요소로 바꾸어 배설한다. 강조하지만, 암모니아를 요소로 만드는 곳은 간이며, 신장(콩팥)에서는 그냥 요소를 여과할 따름이다. 간 기능이 아주 약한 환자에게 고기붙이를 너무 많이 먹지 못하게 하는 까닭은 이 때문이다. 고기에서 듬뿍 생긴 암모니아를 서둘러 간에서 없애야 하는데 약한 간이 감당하지 못하니 몸 안에 암모니아가 많아지기 때문이다.

소변은 물이 90퍼센트 이상이고 그 다음으로 요소가 많다. 성인 남자가 하루에 배출하는 요소는 약 30그램이며, 대체로 단백질을 많이 섭취하면 요소 배출량이 많아진다. 그래서 지린내가 많이 나고 질소 비료로 더 좋다. 오줌 속에는 요소 이외에도 몸에서 쓰다 남은 미량의 비타민, 아미노산, 무기염류, 호르몬 등이 있는데, 이 때문에 자기 오줌이나 유아의 오줌을 마시는, 인도에서 시작한 요료법尿療法이 한때 유행한 적이 있다.

갓 눈 오줌은 투명한 색에 가까우나 오래 두면 점점 색이 누래진다. 또한 운동을 하여 땀을 많이 빼고 나면 싯누래지며, 비타민을 먹고 샛노래지는 것은 비타민 B_2 때문이다. 애시당초 대소변이 누르스름한 것은 적혈구(헤모

글로빈)가 120여 일 간의 한살이를 끝내고 간이나 지라에서 분해할 때 나오는 부산물인 빌리루빈이나 유로빌린urobilin 색소 때문이란 이야기는 만날 하였다.

그런데 어른이면서도 빈뇨頻尿로 자그마치 하루 열 번 넘게 소변을 보는 오줌싸개가 있으니, 방광염에 걸린 사람이다. 이를 '오줌소태'라 이르는데 여기서 '소태'란 '벌어진 일의 상태', 즉 사태事態를 말한다. 결국 오줌소태란 '오줌을 자주 지리는 사태'이다. 방광염에 걸리면 갑자기 소변이 마려움을 느끼면서 참을 수 없는 요절박尿切迫을 위시하여 배뇨시 통증과 배뇨 후에도 덜 본 것 같은 느낌이 들고, 덩달아 하부 허리 통증에 혈뇨와 악취가 나는 혼탁뇨 나부랭이를 동반하기도 한다. 남자들이 나잇살이나 먹으면 전립선 비대로 소변 보느라 낑낑거리고 심하면 기어코 수술을 하여 큰 고생을 하기도 하니, 이러나저러나 오줌 하나 술술 잘 누는 것도 무한한 행복이렷다!

자신의 의지와 무관하게 방광 괄약근에 문제가 생겨서 소변을 보는 현상을 요실금이라 한다. 최근 평균수명이 늘면서 요실금과 같은 노인병도 빠르게 증가하고 있으니, 노쇠한 늙정이에게는 이런저런 병이 마구 달려든다.

성인 남자가 하루 누는 오줌의 양은 1~2리터이다. 오줌의 성분은 그 사람의 건강 상태를 파악하는 척도가 되기도 하는

데, 예를 들어 이자(췌장)가 탈이 나서 인슐린 분비가 부족하여 혈당이 턱없이 높아지면 신장이 혈당을 재흡수하지 못해 오줌 속에 포도당 함량이 잠뿍 느는 것이 당뇨이다. 이런 사람이 본 소변 언저리에는 개미가 발밭게 떼 지어 덤벼든다고 한다. 오줌의 산도$_{pH}$는 보통 약산성인 6.0 정도이지만, 육식을 많이 하면 4.6 정도로 약간 더 산성이 되고, 채식을 주로 하면 8 정도의 약알칼리성이 된다. 정작 먹는 음식이 지린내나 색깔에도 영향을 끼친다고 하니, 아무튼 소변에서 그 사람의 건강을 본다!

지렁이도 밟으면 꿈틀한다

　"지렁이도 밟으면 꿈틀한다"는 아무리 미천하거나 순한 사람이라도 너무 업신여기면 가만있지 아니함을 뜻하는데, 비슷한 말로 '곤수유분투困獸猶奮鬪'가 있으니, 쫓기는 동물도 활로를 줘야지 무리하면 오히려 달려드는 법이라는 말이다. 또 북한어로 "지렁이 룡(龍)되는 시늉한다"란 도저히 이룰 수 없는 허황한 망상을 하는 경우를, "지렁이 무리에 까막까치 못 섞이겠는가"는 무관한 사람들이 서로 가까이 어울리게 되는 경우를 비꼬는 말이다.

　간밤에 비가 억수같이 퍼붓더니만 언제 그랬느냐는 듯 새 아침에 날이 개고 화창하기 그지없다. 피부 호흡을 하는 지렁이는 땅굴에 물이 들면 숨이 차 밖으로 튀어나와 수해 이재민이 되니, 꼬마들의 장난감이자 새들의 먹이가 되고 때로는 낚시 미끼로 쓰이기도 한다.

문득 창밖을 내다보니 등굣길 꼬마 녀석이 고개를 푹 숙이고 뭔가를 만지작거리고 있다. 고개를 떨어뜨리고 뭘 하나 궁금하여 가재미눈으로 흘겨본 어미가 순간 질겁한다. 꿈틀거리는 지렁이를 아들 녀석이 엄지와 집게손가락으로 자랑스럽게 끄집어 올리고 있지 않은가. 놀란 어미는 느닷없이 아들의 등짝을 야멸치게 내려치곤, "이놈아, 더럽다" 하고 고함을 내지르며 서둘러 목줄기를 낚아챈다. 인정사정없이 끌고 가는 모양새를 "복달임에 죽을 개 끌듯"이라 하던가. 아무튼 자못 머쓱해진 녀석은 지렁이에 미련이 남아 버텨보지만 고까운 어미의 꾸중에 마지못해 몸을 맡긴다. 저럴 수 있나? 왜 함께 소곤거리며 지렁이 놀이를 못하는가. 여리디여린 '과학의 싹'을 살펴 가꾸어 주지는 못할지언정 단칼에 싹둑 자르다니, 노벨상 수상은 하루아침에 이뤄지지 않는다는 말을 새겨들을지어다.

지렁이를 '지룡地龍' 또는 '구인蚯蚓'이라고도 한다. 지룡은 한방에서 이르는 말로, 고열, 경기, 반신불수, 고혈압 따위에 약재로 썼다고 한다. 토룡탕土龍湯은 지렁이를 곤 것으로 지렁이에서 혈액응고 방지 물질인 룸브로키나제lumbrokinase를 뽑는다. 우리말로는 '디룡이'가 흔히 쓰였고, 지룡이·지룽이라고도 하였으며, 사투리로 '거시' '거생이' '껏갱이' '찔꽁이'가 있으니, 필자도 어릴 적엔 거시라 불렀다.

비온 뒤 마당에 기어 나오는 붉은큰지렁이*Lumbricus terrestris*는 유럽이 원산지이지만 세계적으로 널리 서식한다. 지렁이는 여러 몸마디가 고리 모양이라 갯지렁이, 거머리와 함께 환형동물에 속한다. 내·외골격이 없는 동물이기 때문에 유체골격流體骨格으로 몸을 지지하는데, 이것은 액체로 가득 찬 신체 공간에서 생기는 탱탱한 압력으로 몸의 형태를 유지하는 일종의 '물로 된 뼈'이다. 혈관계는 실핏줄이 있는 폐쇄혈관계이고, 혈색소는 헤모글로빈이라 체색이 붉다.

지렁이의 몸에는 체색보다 옅은 환대環帶라는 것이 있는데, 둥그스름한 고리(띠)로 몸통의 약 3분의 1 지점(32~37번 체절 사이)에 있으며, 이것에 가까운 쪽 끝이 입이고 반대쪽이 항문이다. 환대는 생식기관으로 어릴 때는 없다가 성적으로 성숙하면서 드러나기 때문에 꼬마 지렁이는 앞뒤를 구별하기가 어렵다. 교미가 끝나면 환대는 새빨개지면서 점액 물질을 분비하여 알을 둘러 쌀 둥그런 고치를 만든다. 기껏 수정란 한두 개가 든 크기 6밀리미터 정도의 고치를 땅에 묻는데, 이것이 2~3주 끝에 부화하여 새끼 지렁이가 고치를 뚫고 나온다. 지렁이는 주기적으로 짝짓기를 하여 1년에 열 개에서 수백 개의 알을 이따금씩 낳으며, 새끼는 1년 후에 성체가 되고 수명은 8년 남짓이다. 지렁이 중에는 처녀생식하는 종도 있다.

지렁이는 세계적으로 7천 종이 넘는다 하고 한국에는 60여 종이 사는 것으로 알려져 있다. 하지만 한국 지렁이에 대한 연구가 생각보다 얕고 얇아 무척 아쉽다. 몸마디마다 맨눈으로 보이지 않는 까끌까끌한 센털이 여덟에서 열두 쌍이나 뒤로 비스듬히 누워 있어, 뱀과 마찬가지로 땅바닥이나 굴에 몸을 박기 쉬울뿐더러 몸이 뒤로 미끄러지지 않도록 받쳐준다.

지렁이는 땅굴 속에 머물다가 먹이를 찾아서 몸을 밖으로 내밀어서 반쯤 부패한 낙엽을 입으로 끌어들여 먹는다. 잡식성으로 흙 속의 박테리아나 미생물(원생동물), 식물 부스러기와 동물의 배설물도 먹는다. 이런 유기물을 먹기 때문에 자잘하고 거무튀튀한 변으로 땅을 걸게 하고, 땅을 들쑤셔 물질이 순환되게 하며, 통기도 원활하게 하여 식물의 뿌리호흡에도 도움을 준다. 그래서 다윈은 흙 속의 지렁이굴을 '흙의 창자'라고 불렀다. 지렁이가 바글바글 들끓는 땅은 건강한 땅이요, 지렁이가 득실거리지 않으면 아무짝에도 쓸모없는 땅인 셈이다.

지렁이는 암수한몸이라 몸에 정소(정집)와 난소(알집)가 모두 있다. 그런데 제 난자와 정자가 자가수정하지 않고 반드시 다른 지렁이와 짝짓기를 해 정자를 맞바꾸니, 근친교배가 나쁘다는 것을 우리보다 먼저 안 것인까? 어쨌든 이런 동식물 선생 님에게서 근친결혼은 나쁘다는 우생학(優生學)을 우리가 배운 셈 이다.

지렁이가 사람에게 득이 되는 것은 두말할 필요가 없다. 사 람뿐만 아니라 수많은 다른 동물, 이를테면 두더지, 오소리, 고슴도치, 수달, 새, 뱀, 딱정벌레, 땅플라나리아, 달팽이나 민 달팽이 등의 먹이가 되어 자연 생태계(먹이사슬)의 중요한 기초 이자 기반이 되니, 지렁이 없는 생태계는 논할 여지가 없다. 거 생이도 밟으면 꿈틀한다! 아무리 보잘것없고 힘 약한 사람도 얕보거나 깔보고 업신여기지 말 것이다. 다 나름대로 재능 하 나씩은 갖고 태어나는 법이다.

떡 줄 사람은 꿈도 안 꾸는데 김칫국부터 마신다

김칫국은 우리 식생활에 깊숙이 자리매김한 친숙한 먹을거리이다. 덕분에 김칫국에 얽힌 속담이나 관용구도 많은데 그중 일부를 여기서 살펴본다.

"미랭시 김칫국 흘리듯 한다"라는 속담이 있다. 어떤 것을 지저분하게 흘리거나 빠뜨리는 모양을 비유적으로 이르는 말인데, 여기서 '미랭시未冷尸'란 '아직 식지 않은 송장'이라는 뜻으로 매우 늙어서 제구실을 못하는 사람을 이르는 말이다. 또 "김칫국 채어 먹은 거지 떨듯"이란 추워서 덜덜 떠는 모양을 이르는 말인데, 김칫국을 재빠르게 빼앗아 먹거나 훔쳐 먹은 탓인지 남들은 그다지 추워하지도 않는데 혼자 덜덜 떨고 있을 때 쓰는 말이다. "양반 김칫국 떠먹듯"은 아니꼽게 점잔 빼며

젠체하는 모양새를, "젓가락으로 김칫국을 집어 먹을 놈"이란 어리석고 용렬하여 어처구니없는 짓을 하는 사람을 이르는 말이다. 이 밖에도 "나그네 먹던 김칫국도 먹자니 더럽고 남 주자니 아깝다"는 자기에게 소용 없으면서도 남 주기는 싫은 인색한 마음을 비유적으로 이르는 말이다.

김칫국을 만드는 물김치는 무와 배추에 국물을 넉넉히 부어 맵지 않고 삼삼하게 담가 먹는다. 종류에 따라 열무, 미나리, 오이, 돌나물, 빨간 무(비트)를 재료로 쓰기도 하는데, 주로 여름철에 나는 푸성귀로 많이 담근다. 젓갈을 거의 넣지 않으며, 소금에 절인 무나 배추 따위의 채소에 알싸한 맛이 들게 마늘, 생강, 파, 고춧물 또는 고춧가루로 양념하여 밀가루 풀이나 찹쌀 풀을 넣고 소금으로 간하여 발효시키기 때문에 국물이 시원하고 담백하여 식욕을 돋운다.

좀 더 보태면, 배추를 송송 썰고 무를 잘게 토막 내어, 통소금을 슬렁슬렁 뿌린 후 소쿠리에 다독다독 쟁여서 알맞게 숨을 죽인다. 그다음 절인 김장거리를 맹물로 깨끗이 씻은 후, 쑨 풀을 푼 육수를 십분 붓고 간을 맞춰 상온에 두면 맛있는 물김치가 된다. 그런데 가을 김칫독의 유산균은 풀 말고도 설탕과 같은 먹을거리가 천지이지만, 물김치는 맹탕이나 다름없으니 꼭 밀가루나 쌀풀을 쑤어 넣어야 한다. 유산균 번식에 쓰이는 밥,

배지(배양액)를 주는 셈이니, 아하! 그래서 찹쌀가루나 쌀가루, 밀가루 풀을 쑤어 김치, 물김치, 고추장 따위에 넣어주는구나. 배추 잎사귀나 무, 열무에 묻은 미생물은 짜디짠 소금에 왕창 다 죽어버리지만, 염분에 잘 견디는 유산균은 살아남아 물김 치의 발효를 도맡는다. 이제 젖산균이 신나게 불어나니, 이때는 다른 미생물은 맥을 못 추고 유산균만 득실득실 판을 치는 그야말로 유산균 세상이다. 물김치가 곰삭으면서 유산균이 유기산을 많이 내놓으니 그것이 특유한 감칠맛과 산뜻한 향을 낸다. 자작한 가을 김장김치의 국물 한 숟가락에도 보통 요구르트 한 병에 해당하는 유산균이 들어 있다고 한다.

'김칫국'을 김치의 국물, 즉 '김칫국물'이라고도 부른다. 아무튼 시시한 일을 해놓고 큰일을 한 것처럼 으스대는 꼴을 빗대서 "김칫국 먹고 수염 쓴다"라고 한다지. "떡 줄 사람은 꿈도 안 꾸는데 김칫국부터 마신다"는 해줄 사람은 생각지도 않는데 미리부터 다 된 일로 알고 행동한다는 말로, "떡방아 소리 듣고 김칫국 찾는다" "앞집 떡 치는 소리 듣고 김칫국부터 마신다" 등이 비슷한 속담이다.

모름지기 옛 어른들은 마른밥을 들기 전에 찬물을 한 모금 마시거나 김칫국이나 국을 먼저 떠먹었다. 떡을 먹으면서도 중간중간 꼭 국물로 목을 적셨는데 나이가 들어서야 그 까닭을 확실히 알았다. 늙으면 식도의 미끈미끈한 점액도 고스란히 말라빠진다. 그러니 마지못해 식도 벽을 윤활유 역할을 하는 국물로 흠뻑 적신 다음 음식을 넣어야 술술 잘 미끄러져 내려간다. 우리도 그렇지만 일본에서도 찹쌀떡을 미어지게 우겨 먹다 목에 걸려 죽는 사람이 쌨다고 하지 않던가. 그러니 나이가 들면 식도 문제를 헐후하게(대수롭지 않게) 보아 넘기지 말아야 할 것이다.

성인의 식도는 엄지손가락 굵기에 길이는 자그마치 25~30센티미터에 이른다. 홈통 모양으로 인두에서 위장으로 음식을 내려보내는 구실을 하는데, 숨관(기도)의 뒤편에 붙어 있어 손으로 만질 수 없다. 3층으로 된 두꺼운 근육으로 되어 있으며, 가끔 생선가시에 찔려 고생을 하기도 하지만, 설령 잘못하여 입천장이 데일 정도로 뜨거운 음식물이 넘어가도 별 탈이 없는 것은 두터운 상피세포가 재빠르게 재생하는 탓이다. 음식물이 지나가는 데 걸리는 시간은 음식물 종류에 따라 다른데, 대개 딱딱한 것은 5초, 액체는 1~2초 남짓이다. 다시 말해서 식도는 깔때기 같아서 물이나 우유, 주스 따위는 쭈르르 빠르게 통과하지만, 어쩌다 딱딱한 알사탕이나 알약이 송두리째 넘어가면 꾸물꾸물 가까스로 내려가니, 이는 지렁이의 운동과 같은 식도 근육의 꿈틀운동(연동운동)이다.

식도는 다른 기관에 비해 쭉 곧고 음식물이 통과할 때는 상당히 확장된다. 식도와 위 사이에는 조임근(괄약근, 고리 모양의 근육)이 있는데, 평상시에는 수축되어 닫혀 있다가 음식물이 위로 들어갈 때나 트림할 때만 열렸다 닫혀서 음식물이 식도 쪽으로 거꾸로 올라가는 것을 막아준다.

여하튼 여름철에 많이 담가 먹는 물김치의 김칫국물은 유산균이 한가득 들어 있어 실로 요구르트에 버금가는 음식이다. 다시 말해 풋풋하고 상큼한 발효 음식으로 젖산균이 풍부하며 풍미가 청량하니, 우리네 조상들께서는 어찌 이리도 현명하게 유산균을 보충하셨단 말인가!

메밀도 굴러가다가 서는 모가 있다

"메밀이 있으면 뿌렸으면 좋겠다"라는 말이 있다. 잡귀를 막기 위해 집 앞에 메밀을 뿌리던 민속에서 나온 표현인데, 왔다 간 사람이 다시는 오지 않으면 좋겠다는 마음을 비유적으로 이르는 말이다. "메밀떡 굿에 쌍장구 치랴"는 처지와 형편에 맞지 않게 일을 크게 떠벌이면 안 된다는 말이며, "메밀밭에 가서 국수 달라겠다"는 "우물에 가서 숭늉 찾는다"의 북한 속담으로, 자못 일의 순서도 모르고 성급하게 덤빔을 이르는 말이다. 또 "까마귀가 메밀을 마다한다"는 본디 좋아하던 것을 뜻밖에 사양한다는 말이며, "메밀도 굴러가다가 서는 모가 있다"는 어떤 일이든 끝날 때가 있음을, 또는 좋게만 대하는 사람도 성낼 때가 있음을 비유적으로 이르는 말이다.

메밀에 얽힌 이야기로는 이효석의 단편소설 「메밀꽃 필 무렵」이 잘 알려져 있다. 1936년 잡지 〈조광朝光〉에 발표한 이 소설의 주 무대는 강원도 평창군 봉평면 일대이다. 허 생원이라는 장돌뱅이 영감과 서로 입장이 비슷한 장돌림인 조 선달, 동이 세 사람이 봉평 장에서 대화 장마당까지 달밤의 길을 같이 걸어가면서 전개되는 하룻밤의 이야기다.

하얀 메밀꽃이 한창 피어난 풍경을 흔히 '소금을 뿌려놓은 듯하다'고 한다. 소설 「메밀꽃 필 무렵」에는 가을 달빛 아래 빽빽하게 가득한, 드넓은 남새밭 벌판에 아득히 펼쳐진 하얀 메밀꽃의 푸지고 눈부신 정취가 물씬 묻어난다. 그런데 바닷가에 사는 어부들도 가끔 '메밀꽃이 인다'라고 하니, 파도가 일 때 하얗게 부서지는 포말을 이르는 말이다. 바다에서는 파도의 거품이 메밀꽃인 셈이다. 그네들은 하얀 거품 물결을 '물꽃'이라 하고, 배가 지나는 길에 양쪽으로 갈라지면서 줄줄이 일어나는 물결을 '물이랑'이라 한다.

메밀Fagopyrum esculentum은 마디풀과의 한해살이풀이다. 모밀, 메물이라고도 부르며 한자어로는 메밀 '교蕎' 보리 '맥麥', '교맥'이라 한다. 영어로는 '버크위트buckwheat' 또는 '비취 위트beech wheat'라고 하는데 이는 메밀이 너도밤나무beech 종자처럼 삼각형이라 붙은 이름이다. 메밀의 속명 *Fagopyrum*에서 *fagus*는 너도밤

나무, *pyrum*은 밀이라는 뜻이라고 한다. 메밀의 원산지는 동아시아의 북부 및 중앙아시아로 추정되며, 한국도 원산지와 가까우므로 중국을 거쳐 유입되어 오래전부터 재배했을 것으로 추정한다. 지금은 전 세계에서 곡식으로 키우는데, 현재 러시아에서 80만 톤, 중국에서 72만 톤으로 가장 많이 심으며, 우리나라는 매년 9천여 톤을 수확하여 열다섯 번째로 재배량이 많다.

메밀은 줄기가 60~90센티미터로 자라며 보통 붉은색을 띤다. 줄기 속은 비었으며, 잎은 원줄기의 아래쪽 첫 마디에서 세

마디까지는 마주나지만 그 위로는 어긋나고, 삼각형 또는 심장
형으로 끝이 뾰족하게 자란다. 꽃은 7~10월에 작은 꽃이 여러
개 달리고, 수술은 오밀조밀하게 여덟아홉 개가 나며, 암술은
한 개이다. 꽃색은 보통 백색인데 때로는 담홍색을 띠기도 한
다. 생육 기간이 짧아 60~80일이면 수확하며, 꽃에 꿀물이 많
아 벌꿀의 밀원蜜源이 되니 메밀 꿀(검은색)도 생산한다. 하여 남
의 뒤를 졸졸 따라다니는 사람을 "메밀 벌 같다"고 하는 것이
리라.

　메밀꽃은 같은 품종이라도 유전적 다양성을 확보하기 위해

암술이 길고 수술이 짧은 장주화長柱花와 암술이 짧고 수술이 긴 단주화短柱花가 거의 반반씩 생긴다. 이것을 '꽃술(예蘂)이 다름'을 뜻하는 '이형예異型蘂' 현상이라고 하는데, 개나리도 이와 같은 특징이 있다. 다른 형의 꽃 사이에서는 수정이 쉽게 되지만 같은 형의 꽃 사이에서는 수정이 잘 안 된다. 종자는 성숙하면 갈색 또는 암갈색을 띤 세모 모양이 된다. 그래서 "메밀이 세 모라도 한 모는 쓴다더니"라는 말이 있는데, 신통찮은 사람이라도 어느 한때는 긴요하게 쓰인다는 뜻이다.

메밀은 비료가 생겨나면서 아이러니하게도 재배량이 급감한 식물이다. 비료가 생겨 다른 곡식을 많이 키울 수 있게 되었기 때문인데, 다른 말로 하면 메밀은 비료 없이도 잘 자란다는 뜻이다. 메밀은 태생적으로 지표면 가까이에 뿌리를 내리지만 가뭄에 강한 편이고 산성 땅에서도 잘 견딘다. 그래서 하잘것없는 메마른 땅에서도 아랑곳 않고 잘 자라며, 되레 질소 비료를 많이 주면 수확량이 감소한다. 예부터 강원도 산골의 굽이진 비탈 밭에 옥수수나 감자를 키웠던 것도 같은 이치인데, 이런 이유로 보잘것없는 메밀이 쫄쫄 굶는 보릿고개에 아주 잘 대접받는 구황식물 역할을 했다. 메밀은 비료용 녹비(풋거름)로도 쓰고, 풋것은 베어 사료로, 잎은 나물로도 썼다 한다.

종자는 메밀쌀을 만들어 밥을 지어 먹기도 하는데, 단백질

함량이 높고 비타민 $B_1 \cdot B_2$와 니코틴산이 들어 있어 향긋한 풋내음이 나는 것이 밥맛이 좋다. 섬유소 함량도 높고 글리코시드glycoside의 일종으로 혈압 강하와 방사선 장애, 출혈성 질병에 효과가 있는 루틴rutin도 들어 있다. 또 메밀 종자 깍지로 만든 베개는 가볍고 잘 부서지지 않으며 통풍이 잘 되어 서늘하고, 열기를 식히며 풍증을 없앤다 하여 명성이 높았으나 요새 와서는 뜸하다.

메밀은 막국수, 냉면, 묵, 만두, 부침개 등의 재료로 널리 쓰인다. 메밀 음식 중 가장 흔히 먹는 것이 막국수와 평양냉면, 일본식 소바인데, 춘천에 사는 필자로서는 춘천막국수를 피해 갈 수 없다. 강원도는 고원지대라 메밀이 생육하기에 적합하여 수확량도 많고 질이 좋다. 그러니 이곳의 메밀 막국수는 다른 지방보다 맛이 좋지만, 요새는 공급이 수요를 따라가지 못해 중국에서까지 사들인다고 한다.

막 걸러 먹는 툽툽한 술을 '막걸리'라 하듯이, 막국수는 거칠고 투박하게 마구 먹어 '막국수'라 하는데, 김칫국물에 말아 먹는 강원도 향토 음식이다. 메밀가루를 뜨거운 물로 반죽하여 국수 틀에 눌러 뺀 후 끓는 물에 삶은 다음, 냉수에 서너 번 헹구어 사리를 만든다. 사리를 대접에 담고 김칫국물을 부은 다음, 그 위에 썬 백김치와 절인 오이를 얹고 깨소금과 고춧가루를 뿌린다. 차게 식힌 육수를 조금 섞어 비벼 먹으면 더욱 좋다. 냉면 먹듯 식초와 겨자도 넣어 먹는데 필자는 집사람이 질겁하지만 거기에 설탕을 듬뿍 붓는다. 이런, 못 참겠다. 입에 침이 한가득 고여오는구려! 막국수 집으로 달려갈까 보다.

이른 봄에는 새 움이 홍역을 한다

　"홍역(을) 치르다"는 몹시 애를 먹거나 감당하기 어려운 일을 겪음을 뜻하는 말로, "학질 떼다"와 같은 의미의 관용어라 하겠다. 비슷한 말로 '곤혹困惑'이 있는데 곤란한 일을 당해서 어찌할 바를 모른다는 의미로, 흔히 '곤혹하다' '곤혹스럽다' '곤혹을 느끼다'와 같이 쓴다. "이른 봄에는 새 움이 홍역을 한다"고 하니 새 움이 홍역을 앓듯 불긋불긋하다는 뜻으로, 봄의 꽃샘추위를 이르는 말이다.

　먼저 병역의 전체부터 간략하게 정리하겠다. 홍역은 얼굴에 발갛게 열꽃이 핀다는 뜻에서 붉을 '홍紅' 염병 '역疫', 홍역紅疫이라는 이름이 붙었다. 펄펄 끓는 섭씨 40도의 고열, 식욕 상실, 센 기침, 감당 못할 콧물, 눈 충혈 이후 전신에 발진이 솟으면서 아주 가렵기 시작하는데 이런 증상이 7~10일 이어진다. 병이 나아가면서 붉은 반점이 얼룩얼룩한 암갈색으로 바뀌고, 부작용으로 설사, 폐렴, 뇌염에 걸리는 수가 있다. 치료에는 특별한 방법이 없으며 감기가 그렇듯이 다른 합병증이 없다면 굳이 안절부절 요란 떨 것 없이 푹 쉬면 거짓말같이 저절로 낫는다. 이런 말에 미련한 소리 한다며 마뜩잖게 여기겠지만, 마땅히 모든 병은 나름대로 내 몸이 어련히 알아서 자가 치유하는 법이다.

홍역은 홍역바이러스paramyxovirus로 발병하는 급성유행성전염병(2종법정전염병)으로 접촉자의 90퍼센트 이상이 발병한다. 발열, 콧물, 결막염 등을 동반하며, 몸에 발긋발긋한 열꽃이 돋는 발진이 생기는 돌림병으로, 호흡이나 면역계, 피부를 통해 주로 감염된다. 영양실조나 면역결핍이 있는 사람, 임산부, 비타민 A가 부족한 사람이 홍역에도 민감하지만, 한번 걸린 후 회복되면 항체를 얻게 되니 평생 다시 걸리지는 않는다.

홍역바이러스는 RNA 바이러스로 콧물이나 인두 분비물, 혈액, 소변 등에 존재한다. 이 때문에 홍역은 다른 환자의 콧물이나 눈물 등의 분비물이나 호흡, 기침이나 말할 때의 세찬 숨길에 묻어나는 작은 물방울이 공기중에 퍼지면서 옮는다. 접촉 후 뜸들이기를 하는 잠복기는 평균 10~12일이며, 질환은 증상이 나타나기에 앞서 생기는 전구기前驅期와 붉은 반점이 피부에 본격적으로 기승을 부리는 발진기發疹期로 나눌 수 있다.

전구기에 생기는 홍역꽃이란 환자의 피부에 좁쌀같이 작고 불그스레하게 돋는 발진을 이르는데, 이때가 전염력이 가장 강한 시기로 3~5일간 지속되며 발열, 기침, 콧물, 결막염 등의 증상이 나타난다. 병에 걸렸음을 암시하는 증상인 코플릭 반점 Koplik spot은 입안에 발진이 돋기 며칠 전에 첫째 아래쪽 어금니 맞은편 구강 점막에 나타나는 모래알 크기의 충혈된 회백색 작은 반점이다.

발진기에는 도돌도돌한 홍반紅斑성 종기가 목 위쪽, 귀 뒤, 이마의 머리선 및 뺨 뒤쪽에 드문드문 생기기 시작하여 24시간 내로 눈 깜짝할 사이에 번진다. 얼굴, 목, 팔, 몸통 위쪽은 물론이고, 2일째에는 대퇴부, 3일째에는 발까지 퍼진다. 발진은 나타난 순서대로 사그라지면서, 합병증이 잘 생기고 목의 림프 마디(절) 비대, 코 비대, 맹장염이 동반될 수 있다. 영유아에게는 중이염, 폐렴, 설사, 구토 등의 증상이 나타나기도 한다. 합병증이 없는 경우에는 특수요법 없이 기침이나 고열에 대한 대증요법을 쓰는데, 호흡기 합병증이 가장 흔해 주로 기관지염이나 모세기관지염, 폐렴이 발생한다. 무엇보다 환자에게 안정된 환경을 제공하고 충분한 수분을 공급하는 것이 가장 좋다.

"홍역은 평생에 안 걸리면 무덤에서라도 앓는다"고 하니 누구나 한번은 치러야 하는 병이다. 예부터 일생에 으레 한번은 속절없이 걸려야 하는 병으로 알려져 있어 속명俗名도 '제구실(자기의 의무)', '제 것(자기 소유)'이었다. 백신은 1962년 처음 국내 의학계에 소개되었고, 1965년에 처음 접종을 실시했으며, 생후 12~15개월과 4~6세 때 예방접종을 해야 한다. 예방접종 효과는 매우 커서, 많은 나라에서 예전과 같은 홍역의 대유행은 드물다. 그나마 예방접종 덕에 한시름 놓게 되었으니, 세계적으로 1년에 최소한 100만 명을 구제하는 것으로 추정한다.

한편, 홍역과 아주 대등하고 혼돈하기 쉬운 역병으로 풍진이 있다. 무섭기로도 홍역에 버금가는 2종법정전염병으로, 풍진 또한 풍진바이러스로 감염되며, 귀와 목 뒤의 림프절 비대와 통증으로 시작해 얼굴과 몸에 발진이 돋는다.

옛날에는 민간요법으로 침을 잘 흘리는 아이에게 가재를 구워 먹였다고 한다. 앞에서 홍역에 걸리면 섭씨 40도가 넘는 신열이 오른다고 했는데, 역시 민간요법으로 몹시 열이 날 때 생가재를 짓찧어 즙을 내 마셨다. 해열제가 없었던 시절에 그렇게 열을 식혔으니 필자도 유사한 경험이 있다. 문제는 그 결과 폐디스토마에 걸리기 쉬운데, 흡충(디스토마)의 중간숙주인 민물 게나 새우, 가재 등의 갑각류를 날로 먹으면 백발백중 걸리고 만다.

다슬기가 제1중간숙주이고 이 갑각류가 제2중간숙주이다.

무시무시한 욕으로 '염병할'이라는 말이 있다. 또 엉뚱하거나 나쁜 짓을 할 때 '염병을 떤다'라고 한다. 염병은 장티푸스를 속되게 이르는 말이지만 보통 전염병을 일컫는 말로, '염병할 놈'이라거나 "염병에 까마귀 소리"와 같은 속담이 생겨난 것만 봐도 얼마나 불길하고 무서운 병으로 여겼는지 짐작할 수 있다. 홍역도 염병이요 돌림병이다. 어쨌든 예방접종 덕에 수많은 생명을 건졌으니 면역학이 참으로 고맙다. 면역학 만세!

머리카락에 홈 파겠다

"꼭꼭 숨어라 머리카락 보인다" 하면서 숨바꼭질하던 어린 시절이 왜 이렇게 마냥 그리워질까? 추억만 한 친구 없다더니만……. 머리와 머리카락에 얽힌 우리말도 꽤 많다지.

먼저 '머리카락'이 들어가는 속담부터 살펴보겠다. "머리카락에 홈파겠다"는 성격이 옹졸하거나 솜씨가 매우 정교함을 비유적으로 이르는 말이다. 또 필자처럼 머리카락이 하얗게 센 사람을 "머리가 모시바구니가 되었다" 하고, 머리카락이나 수염이 "두루미 꽁지 같다" 하면 숱이 많고 짧아 더부룩해 보인다는 뜻이다. "곱슬머리 옥니박이하고는 말도 말랬다"는 머리가 곱슬곱슬하고 이가 안으로 옥게 난 사람은 흔히 박정하고 인색하다는 말이고, "머리털을 베어 신발을 삼다"는 무슨 수단을 써서라도 자기가 입은 은혜는 잊지 않고 꼭 갚겠다는 뜻이다. 흔히 숱이 많고 긴 머리를 "삼단 같은 머리"라고들 하지. 반면 승려가 되거나 교도소에서 복역하면 "머리(를) 깎"는데, 특히 스님들은 한 달에 두 번씩 번뇌초煩惱草·무명초無明草라 하여 망념의 머리카락을 지혜의 칼 삭도削刀로 배코 쳤으니, 그게 다 세속에 대한 집착과 얽매임을 단절하겠다는 각오와 결의였다. 우리도 군대를 가거나 새로운 다짐을 할 때 머리카락을 자르지 않는가.

다음으로 '머리'가 들어가는 속담과 관용어다. "검은 머리 가진 짐승은 구제를 말란다"는 사람이 은혜를 갚지 않음을 핀잔하는 말이고, "사흘 책을 안 읽으면 머리에 곰팡이가 슨다"는 잠시라도 책을 안 읽고 지내면 머리가 둔해진다는 말이다. 또 "머리(를) 굴리다"는 머리를 써서 해결 방안을 생각해냄을, "머리에 털 나고"는 태어나서 어떤 일을 처음 당함을, "머리에 피도 안 마르다"는 아직 어른이 되려면 멀었음을 이르는 말이다.

늙으면 머리카락이 턱없이 성글고 속이 텅텅 비어 공기가 한가득 들어차면서 새하얘진다. '백발은 빛나는 면류관, 착하게 살아야 그것을 얻는다'고 했것다. '학발동안鶴髮童顔'이라 머리털은 하얗게 세었으나 얼굴은 아이처럼 내내 아름답고 곱상하게 늙으면 좋으련만……. 등짐 지느라 구부정해진 허리, 미소가 앉았다 간 주름투성이 얼굴, 자식들 먹여 살리느라 쪼글쪼글해진 손등에 추잡하게 해진 몰골은 긴긴 세월의 풍화작용임을 어쩌겠는가. 죄다 허구한 세월이 준 훈장이니 딱히 서러워할 일이 아니라는 것은 허울뿐인 말이고, 진정 늙어보니 이것저것 힘들고 서럽기만 하더라.

사실 털이나 뼈마디 사이에는 원래 공기가 조금씩 들어 있다. 살 밑에서 털이 만들어질 적에 멜라닌이라는 검은 색소가 털뿌리에 녹아들고 공기도 조금씩 묻어드는데, 중병이나 심한 스트레스를 앓거나 영양 상태가 좋지 못하면 멜라닌이 모근에 제대로 쌓이지 못하고 공기만 들어찬다. 물론 유전이 가장 큰 몫을 한다니 속일 수 없고 피할 수 없는 것이 유전물질(DNA)이다. 흰털은 멜라닌이 적거나 아주 없어진 탓이라지만 그 속이 대통처럼 비어 거길 채우고 있는 공기도 한몫을 한다. 모발이 햇살을 받아 속의 공기가 빛을 산란시키기에 털이 희게 보인다는 것. 눈송이가 흰 것은 송이송이 틈새에 든 공기 탓이요, 흰 꽃의 꽃잎이 하얗게 보이는 것도 세포 사이를 채우고 있는 공기의 산란 때문이다. 그러니 털 하나도 화학(멜라닌 색소)과 물리학(빛의 산란)이라는 과학을 품었더라!

머리털의 지름은 0.18밀리미터 정도이다. 사람이나 인종에 따라 머릿결이 다르니 곧은 머리카락, 반 곱슬머리, 곱슬머리

등 가지각색이다. 직모의 단면은 둥글지만 반 곱슬머리는 타원형에 가깝고 곱슬머리는 삼각형에 가까운 구조이다. 적도 지방이나 아주 더운 곳에 산 직립원인Homo erectus은 처음에는 곧은 머리카락이었으나 곱슬머리로 바뀌었다고 본다. 새까맣고 꼬불꼬불 한 곱슬머리가 햇빛의 자외선 투과를 잘 막기 때문에 아프리카 등지의 더운 적도 지방 사람들 머리카락이 그렇다는 것. 피부에 멜라닌 색소가 늘어나 검어진 것도 본디 같은 이치이니, 멜라닌은 다름 아닌 자외선 차단제인 셈이다.

현대인은 아마도 20만 년 전 아프리카 동부에서 생겨나 지금부터 5만 년 전에 북으로 이주한 것으로 추정한다. 태양이 약한 북쪽으로 이주한 사람들은 검은 곱슬머리와 검은 살갗 탓에 자외선을 넉넉히 받지 못해 충분한 비타민 D를 만들지 못하면서 뼈가 약해졌다. 그러나 돌연변이로 직모에 피부가 흰 사람들이 생겨나 살아남았으니, 본능적으로 북유럽 사람들이 햇볕 쬐기를 좋아하게 되었다고 본다. 허참, 두발이 검고 희고 곧고 꼬인 것도 다 까닭이 있었구나!

한 사람의 머리숱은 평균하여 10만 개이다. 머리카락은 하루도 거르지 않고 75개 정도가 숭숭 빠지며 빠진 만큼 새로 난다. 그러나 사람마다 머리카락의 수가 달라서 보통 젊은이들은 10만 개, 금발은 14만 개, 흑갈색은 10만 8천 개, 빨강머리

는 9만 개 정도라 한다. 가장 빨리 머리카락이 자라는 부류는 생식 기능이 가장 활발한 16세에서 24세 사이의 젊은 여성이다. 보통은 1년에 거의 15센티미터 이상 자라며, 6년이면 수명을 다하고 마니, 한자리에서 털이 열다섯 번 빠지고 되나면 아흔 살이 되고 만다. 기온이 올라 혈액순환이 빨라져 털에 영양 공급이 원활한 여름에는 그렇지 못한 겨울에 비해 근 10퍼센트나 빨리 자라며, 건강하지 않거나 나이를 먹으면 자라는 속도가 한결 느려진다. 턱수염 하나도 건강할 적에 쑥쑥, 무럭무럭 자란다.

긴 모발을 하나 뽑아 두 엄지손가락 중간에 걸쳐놓고 양손가락을 꼼작꼼작 좌우로 움직여보자. 분명히 한쪽으로 움직일 것이다. 털의 겉이 매끈하지 않고 기왓장을 포개놓은 듯이 한 방향으로 까칠한 탓이다. 보통 머리 빗질을 할 때 털뿌리에서 털 끝 쪽으로 빗으면 머리가 가지런히 제자리를 잡지만 반대로 빗질을 하면 헝클어지는 것도 그 때문이다.

　머리카락 이야기를 하다 보니 늦가을에서 이듬해 늦봄까지 머리도 못 감고 소죽을 끓이던 추억이 생각난다. 굴뚝에 바람이 들어 아궁이로 되돌아 나오는 연기 불길에 머리카락을 태워 머리에 더부룩한 '까치집'을 지었더랬다. 요새는 아침마다 감는 그 머리를 말이다.

각골난망이로소이다

　다른 사람에게 입은 은덕이 뼈에 깊이 아로새겨져 잊히지 아니함을 '각골난망刻骨難忘'이라 한다. 죽어서 백골이 되어도 은정恩情을 잊을 수 없다는 '백골난망白骨難忘'과 비슷한 말이며, 죽어서라도 은총을 갚는다는 '결초보은結草報恩'도 이에 버금가는 말이다. 아무튼 남에게 입은 은혜로운 덕을 저버리고 배신하는 배은망덕한 행동은 엄두도 내지 말지어다.

　한자로 뼈 '골骨' 자는 소의 어깨뼈를 본떠 그린 글자라는데, 뼈의 한가운데를 골수라고 하니 "뼈에 사무치다"란 원한이나 절통切痛 따위가 뼛속에 파고들 정도로 깊고 강하여 잊히지 아니하고 마음속에 응어리져 있다는 뜻이다. '각골통한刻骨痛恨'이란 뼈에 사무치도록 깊이 맺힌 원통함을 이르고, '각골명심刻

骨銘心’이란 뼈에 새기고 마음에 새겨 잊지 않겠다는 다짐이며, ‘분골쇄신粉骨碎身’은 뼈를 가루내고 몸을 바수어 으스러지게 노력함을 뜻한다. 이렇듯 극단의 고통과 견디기 힘든 절박한 상황, 잊을 수 없는 은혜 등을 표현할 때 뼈(골수)가 자주 등장 한다.

“뼈(가) 빠지게”는 오랫동안 육체적 쓰라림을 견뎌내면서 힘 겨운 일을 치러나가는 모양새를, “뼈도 못 추리다”는 죽은 뒤 에 추릴 뼈조차 없을 만큼 적수가 안 되어 손실만 보고 전혀 남 는 것이 없음을 이르는 말이다. “뼈만 남다”란 못 먹거나 심하 게 앓아 지나치게 여윔을, “안 되는 놈은 두부에도 뼈라” “계란 에도 뼈가 있다”는 늘 일이 잘 안 되던 사람이 모처럼 좋은 기 회를 만났건만 그마저 역시 잘 안 됨을 이르는 말이다. “두부 살에 바늘뼈”는 바늘처럼 가는 뼈에 두부같이 힘 없는 살이란 뜻으로 몸이 아주 연약함을, “뼈 있는 소리”란 말의 내용에 심 각한 뜻이 오롯이 담겨 있음을 빗댄 말이다. 또 “뼈와 살이 되 다”란 정신적으로 도움이 됨을, “뼈대 있는 집안”이란 문벌이 좋다거나 심지가 굳고 줏대가 있음을, “말살에 쇠뼈다귀”는 피 차 아무 관련성 없이 얼토당토않음을, “이도 안 난 것이 뼈다 귀 추렴하겠단다”는 아직 준비가 안 되고 능력도 없으면서 어 려운 일을 하려고 달려듦을 빗댄 말이다. 이 밖에도 “범을 그려도 뼈를 그리기 어렵고 사람을 사귀어도 그 마음을 알기 어렵다"란 겉모양이나 형식은 쉽게 파악할 수 있어도 속은 알기가 어려움을 이르는 말이다.

사람의 뼈는 놀랍게도 신생아는 270개나 되지만 성인이 되면서 없어지거나 봉합되어 206개로 줄어든다. 뼈는 체격의 틀을 잡아주는 지지 작용을 하고, 골격근이 붙어 있어 모든 운동을 관할하며 내장이나 여러 기관을 보호한다. 또한 두개골, 골반, 흉골, 척추 같은 큰 뼈는 혈구를 생성하며 철분, 칼슘, 인 등의 무기물질을 저장하고 내분비를 조절하는 역할을 한다. 특히 뼈세포에서 오스테오칼신osteocalcin이라는 호르몬을 분비하는데, 이는 인슐린 분비를 늘려 혈당을 감소시키고 지방의 저장을 줄인다.

무쇠보다 딱딱하고 가벼우면서 유연한 것이 뼈다. 뼈는 35퍼센트 정도가 콜라겐 단백질이고 약 20퍼센트가 물이다. 우리 몸에서 물의 함량이 가장 적은 기관으로, 다른 기관들이 75퍼센트 남짓인 데 비하면 매우 마른 편이다. 한마디로 쇠 무게의 3분의 1밖에 되지 않으면서도 강하기는 10배나 되니, 일례로 정강이뼈는 무려 300킬로그램을 지탱할 수 있다고 한다.

뼈는 남녀에 큰 차이는 없으나 여자의 뼈가 남자에 비해 작고 덜 단단하지만 골반이 커서 출산에 도움을 준다. 또한 여자는 남자보다 척추가 옆으로 휘어지는 척추측만증이나 골다공증(골엉성증)에 걸릴 확률이 높다.

모든 뼈는 연골(물렁뼈)에서 생기기 시작하여 경골(굳은뼈)로 바뀐다. 하지만 일부는 연골로 남으니, 콧등, 귓바퀴, 후두개, 그리고 모든 관절에는 연골이 있다. 연골은 혈관의 분포가 적은 까닭에 피의 흐름이 덜해서 체온보다 낮은데, 이 때문에 갑자기 뜨거운 물건에 손이 닿으면 자기도 모르게 반사적으로 손이 귓바퀴로 달려간다.

사람의 몸은 얼개가 어엿한 건물 한 채와 흡사하다. 아니다, 집이 우리 몸을 빼닮았다는 말이 더 맞겠다. 인체가 먼저 생겼지 어디 건물이 먼저 생겼던가. 암튼 깊게 지반을 파내고 거기에 넓적하고 긴 철근(뼈대)을 세우고 시멘트를 퍼부어 콘크리트를 쳐서 창 벽과 바닥(근육, 살)을 만든 후, 수도관(혈관), 배수관(콩팥과 요도), 전깃줄(신경)을 집어넣는다. 나중에는 타일과 벽지(피부)를 바르고 전구(눈알)를 달고 하니, 어쩌면 그렇게 오밀조밀한 인체의 짜임새와 비슷한 구조인지 놀랍다.

뼈는 성장이 끝나면 길이와 두께가 일정해진다. 그러나 겉으로만 그렇게 보일 뿐 실제로 뼈세포의 일부는 가뭇없이 생멸生滅을 반복하니, 성인 뼈는 전체적으로 1년에 5퍼센트 정도 새 것으로 바뀐다. 뼈를 만드는 조골세포가 콜라겐이라는 단백질을 만들고 거기에 칼슘과 인산을 집어넣어 석회처럼 굳게 만들면, 뼈를 파괴하는 파골세포는 그만큼 뼈를 연신 분해하여 없앤다.

옳아, 뼈도 운동하지 않으면 물러지고 약해진다. 병상에 가만히 드러누운 사람은 일주일에 0.9퍼센트 정도 뼈가 빠진다고 한다. 무중력 상태인 우주선의 우주인들의 뼈에서는 칼슘과 인 성분이 자꾸 빠져나가 바늘뼈가 되기에, 장골을 유지하기 위해 우주선에서도 내리 자전거를 탄다. 아뿔싸, 야속한 세월에 골육이 잦아들고 그지없이 앗아가니, 훤칠했던 키도 줄고 허리까지도 구부러지더라!

날 샌 올빼미 신세

"올빼미 눈 같다"는 낮에 잘 보지 못하거나 밤에 더 잘 보는 사람을 이르는 말이다. "대낮의 올빼미"는 어떤 사물을 보고도 알아보지 못하고 멍청하게 있음을, "날 샌 올빼미 신세"란 야행성이라 날이 새면 활동을 못하는 올빼미처럼 일이 끝장났다거나 힘 없고 세력이 없어 어찌할 수 없는 외로운 처지가 된 사람을 비유적으로 이르는 말이다. "올빼미 셈"이란 통 셈을 할 줄 모르는 사람의 계산법을, "올빼미족"은 늦게 일어나 해가 뉘엿뉘엿 지기 시작해야 정신이 맑아지는 사람이나 야근 또는 밤공부를 하는 사람을 이르는 말로, 신조어 '호모 나이트쿠스 homo nightcus'와 비슷한 말이다.

'우우, 우우, 우후후후!' 이따금씩 들리는 올빼미 소리가 왜 그리도 으스스하고 섬뜩한지……. 예부터 우리나라에서는 올빼미가 마을에 와서 울면 사람이 죽고 지붕에 앉으면 그 집이 망한다 하여, 올빼미를 불행과 재앙의 징조이자 흉물스러운 새로 취급했다.

우리나라 올빼미 *Strix aluco*는 올빼미과 올빼미속의 맹금류이다. 영어로 '토니 아울tawny owl' 또는 '브라운 아울brown owl'이라 하는데 이는 털이 황갈색 또는 갈색인 탓이다. 올빼미과에는 세계적으로 200종 안팎이 있고 올빼미, 부엉이, 소쩍새가 여기에 속한다. 부엉이와 소쩍새는 다 같이 머리 꼭대기에 긴 귓바퀴 꼴의 깃뿔 두 개가 우뚝 솟아 있다는 점이 올빼미와 다르다.

본종은 머리가 둥글고 몸이 통통한 것이 씩씩하고 당당하다. 몸길이 37~46센티미터에, 날개 편 길이가 81~105센티미터이며, 체중이 400~800그램인데, 암수가 달라서 수컷이 5퍼센트 정도 길고 25퍼센트 정도 더 무겁다. 유라시아에 걸쳐 숲에 주로 머물며 사는 중형 올빼미로 아종이 11종 있다. 집은 대부분 속이 썩어서 구멍이 생긴 통나무를 뜻하는 구새통이며 옮겨 다니지 않고 제 바닥에 머물러 사는 전형적인 텃새로, 천연기념물 제324-1호인 보호종이다. 야행성이라 낮에는 구새통이나 나무 밑둥치에 숨어 지내다가 황혼 무렵부터 새벽녘까지 나대면서 사냥을 한다.

올빼미는 매우 예민한 시각과 민감한 청각을 가지고 있으며, 비상을 할 때 거의 소리를 내지 않아 야간 먹이잡이에 적합한 새다. 앞으로 향한 큰 눈의 망막에는 색소를 느끼는 원추세포 대신 빛에 아주 민감한 간상세포가 빽빽이 뭉쳐나 있다. 눈자위가 둥글넓적한 낮짝 모양으로 두꺼운 깃털로 에워싸였으니 이를 '얼굴판'이라 하는데, 거기서 모은 소리를 귀에 전달한다.

얼굴판은 불균형하게 짝져 있으며 얼굴판의 깃털에 가려진 양쪽 귀도 비대칭이다. 왼쪽 귀가 좀 더 큰 오른쪽 귀보다 위에 자리하고 있어서 소리가 고막에 도달하여 뇌에 전하는 속도에 시차가 생기는데, 이 때문에 방향감각이 뛰어나 사냥을 아주 잘한다. 그러니 똑같은 시간에 양쪽 귀에 같은 소리가 들리면 올빼미는 혼란스러워한다. 손가락 하나를 눈앞에 놓고 이눈 저 눈을 감아보면 손가락 위치가 다르게 보이지만, 두 눈으로 보면 중간 자리에 고정되어 보이는 것과 비슷한 원리라 하겠다.

올빼미는 사람보다 열 배 더 귀가 예민하고 개나 고양이보다 네 배나 더 잘 들어서, 멀리서 부딪는 풀잎 소리나 먹잇감이 바스락거리는 저주파 소리도 잘 듣는다. 후드득후드득 떨어지는 희미한 물방울 소리는 오히려 올빼미가 다른 소리를 듣는 데 방해가 되어 여름 장마철에는 사냥을 못하고 쫄쫄 굶기도 한다. 과유불급이라더니, 소리를 너무 잘 들어도 탈이다.

올빼미 시력은 그리 뛰어나지 못해서 사람의 망막과 큰 차이가 없다고 주장하는 학자도 일부 있지만, 보통은 열 배 더 예민하다고 한다. 갓난아이처럼 심한 원시라서 가까운 물체는 보지 못할뿐더러 고정된 눈알을 움직이지 못하는 대신, 머리를 빠르게 사방 270도까지 이리저리 돌려서 먹이를 찾거나 천적을 피할 수 있다. 목뼈는 열네 개로 사람의 일곱 개에 비해 두 배나 많으며, 포식자는 주로 독수리 무리이다.

올빼미는 암수가 평생을 일부일처로 같이 지낸다. 알 두세 개를 암컷 혼자 30일간 품으며, 알에서 깨어난 새끼 올빼미는 2~3개월을 아비어미의 헌신적인 돌봄과 보살핌을 받은 후에 보금자리를 떠나 약 5년간 산다. 사냥에 적합하게 진화하였으니 부리가 날카롭고 발톱도 날서 있다. 쥐와 같은 설치류가 주된 먹이지만 토끼 새끼나 새, 지렁이, 딱정벌레(갑충)도 잡아먹고, 작은 것은 잡자마자 통째로 꿀꺽 삼켜버린다. 육식 성조류가 다 그렇듯이 먹은 것 중에 소화가 안 된 털이나 뼈는 나중에 뭉치pellet로 토해내니, 이를 '올빼미 펠릿'이라고 한다.

깜깜한 밤에 옅은 갈색의 깃털은 보호색이 되어 몸이 잘 보이지 않는데다, 머리를 상하좌우로 까닥거리며 잠자코 엿듣거나 빤히 망을 보고 있다가 느닷없이 활강하여 먹이를 덮친다.

앞서 말한 대로 올빼미의 비상에는 특이하게도 날개 소리가 나지 않는다. 깃털이 엄청 부드럽고, 무엇보다 날갯죽지 가장자리에 수많은 빗살톱니 깃털이 가지런히 숭숭 나 있어서 소음을 지워버리는 탓이다. 커다란 자동차 엔진 소리가 새나가지 않게 하는 장치인 머플러(소음기)처럼 깃털들이 날개 소리를 없애는 셈이다.

서양에서는 올빼미를 학문과 지혜의 상징으로 삼았다. 그래서 지혜의 여신 아테나Athena에게 바치는 제물이 올빼미*Athene cunicularia*였다. 또 올빼미의 큰 머리, 둥근 얼굴, 정면을 향한 두 눈, 중앙에 세로로 우뚝 선 콧대, 얼굴 둘레의 희끗희끗한 털이 꼭 지혜로운 노인 모습이라 하여, 학교나 도서관, 서점 곳곳에 올빼미 간판이 버티고 서 있고, 선물 가게에도 올빼미 장난감이 수두룩하다. 이렇게 올빼미에게 밤을 새워 공부하는 이미지가 있음을 부인하지 못한다.

아주까리 대에 개똥참외 달라붙듯

아주까리는 다른 말로 피마자라고도 하는데 둘 다 표준어로 쓴다. 피마자*Ricinus communis*는 대극과에 속하는 식물로, 우리나라에서 높이 2미터 내외로 자라는 1년초이지만, 원산지인 인도나 열대 아프리카에서는 나무처럼 10~13미터까지 크는 여러해살이풀로 귀화식물이다. 피마자속*Ricinus*에는 피마자 한 종만 있으며, 속명 *Ricinus*는 라틴어로 진드기란 뜻이다. 우리나라에도 아주까리와 진드기를 비슷하게 보아 관련 속담이 많은데 서양에서도 보는 눈이 같았던 모양이다. 암튼 우리나라에서 뽕잎으로 누에를 키우듯 인도에서는 누에를 아주까리 잎을 먹여 키웠다. 아주까리 누에는 뽕 누에보다 좋아 큰 고치를 지을뿐더러 비단보다 질긴 천연섬유를 얻었고, 아주까리 누에(피마잠)에서 얻은 섬유는 최고급 외투나 양탄자를 짰으며 고대 인도 왕실에서 사용했다.

아주까리와 관련된 속담 몇 개를 살펴보겠다. "아주까리 대에 개똥참외 달라붙듯"이란 생활 능력이 없는 남자가 분에 넘치게 여자를 데리고 살거나, 연약한 과부에게 장성한 자식이 여럿 있는 경우를 이르는 말이다. "진드기가 아주까리 흉보듯"은 보잘것없는 주제에 남을 흉봄을, "진드기와 아주까리 맞부딪친 격"이란 북한어로 서로 비슷비슷한 것끼리 맞붙어 옥신각신하는 경우를, "참깨 들깨 노는데 아주까리 못 놀까"는 남들도 다 하는데 나도 한몫 끼어 하자고 나설 때 쓰는 말이다.

아주까리 잎은 어긋나기하고, 잎자루가 길며 아주 넓적한 원형으로, 넓은 것은 지름이 30센티미터나 된다. 잎은 손바닥 모양으로 7~11쪼가리로 갈라지며, 갈래 조각은 좁은 달걀 모양에 끝이 뾰족하고 털이 없다. 줄기는 목질화되어 대나무처럼 속이 빈 원통형이고, 표피에는 매끈한 납질蠟質이 묻어나며, 겉은 짙은 보라색이거나 녹색이고 마디가 있다.

암수한그루로 꽃은 8~9월에 연한 노란색이나 붉은색으로 피며, 원줄기 끝에 길이 20센티미터 정도의 총상꽃차례로 달린다. 총상꽃차례를 총상화서라고도 하는데, 중심축에 꽃대가 있고 둘레에 무리지어 피는 꽃으로, 하나하나의 꽃이 짧은 꽃자루에 달려 있고 모든 꽃자루의 길이는 거의 같다. 수꽃은 밑 부분에 달리고 수술대가 잘게 갈라지며, 암꽃은 윗부분에 모여 달리고 씨방은 한 개에 3실이다. 열매는 가시처럼 뻣뻣하고 삐죽삐죽한 굵은 돌기가 있는 삭과로, 3실에 종자가 한 개씩 들어 있다.

피마자 잎을 잘 말려두면 겨울에 먹기 좋은 묵나물이 된다. 가을에 서리가 내리기 전에 줄기 꼭대기의 부드럽고 싱그러운 잎을 따 짚으로 엮어 추녀 밑이나 그늘진 곳에 매달아 둔다. 음력 정월 보름날이면 으레 잡곡밥과 갖가지 나물 반찬을 두둑이 먹게 되니, 이때 기름에 볶거나 쌈으로 먹는, 퍽이나 푸짐한 음식 중 하나가 바로 피마자 잎나물이다.

아주까리 종자는 대략 길이 1센티미터에 폭 0.5센티미터 두께 0.3센티미터 크기로, 생김새는 통통하고 길쭉하며, 선명한 흑색이나 갈색 및 백색 무늬에 반들반들 광택이 난다. 종자에 기름이 40~60퍼센트 들어 있는데 그중 트리글리세리드 triglyceride 지방산이 가장 많다. 씨를 날로 먹을 때는 독성이 강하지만 열처리를 하면 독성이 없어진다. 피마자유는 심한 변비에 먹는 설사약이며, 포마드나 도장밥의 원료, 비행기나 경주용 자동차의 윤활유로 쓰고, 페인트나 니스를 만들거나 인조가죽과 프린트 잉크를 제조할 때도 쓴다.

종자에는 리신ricin이라는 맹독성 물질이 들어 있는데, 이 리신은 가장 독성이 강한 식물로 기네스북에 올라 있다고 한다. 성인 치사량이 네 알에서 여덟 알로, 날로 먹는 사람이 없으니 망정이지 크게 탈 낼 녀석이다. 네 알이면 토끼, 여섯 알이면 소나 말을 죽인다고 하며, 독성이 청산가리의 천 배가 넘고 코브라의 독보다 두 배 이상 강하다고 한다. 밭 가장자리에서 소를 뜯겨보아도 귀신같이 피마자는 먹지 않으니 그 이유를 알 만하다. 사람이 리신을 날로 먹거나 가루로 흡입 또는 주사할 경우에는 몇 시간 안에 열과 구토, 기침 등 독감 증세를 보이면서 폐와 간, 신장, 면역체계가 무력화되어 사흘도 안 돼 사망하게 된다. 리신이 포함된 피마자 씨는 피마자유나 나일론, 플라스틱 및 화장품 등 여러 가지 생활용품으로 가공·사용하지만, 지레 주눅 들지 않아도 될 것은 피마자유를 짤 때 열매를 볶는 까닭에 다행스럽게도 단백질인 리신이 모두 변성되어 독성을 잃기 때문이다.

아주까리 씨앗 한쪽 끝에는 작은 젤리 상태의 부속물인 엘라이오좀elaiosome이 붙어 있다. 모양이 꼭 진드기 주둥이같이 생겼는데, 지질과 단백질이 풍부하여 개미가 아주 좋아하는 영양분이다. 또한 제비꽃, 광대나물 씨앗에도 붙어 있으며, 개미가 이 씨앗들을 집으로 물고 가 새끼에게 기름진 엘라이오좀만 똑

따 먹이고 밖으로 내버리면 그곳에서 싹이 튼다. 이렇게 동물 (개미)과 식물이 멋지게 공생하게 되니 개미가 다른 식물들의 씨 앗을 널리 퍼뜨리는 중요한 역할을 하는 셈이다. 참고로 전 세 계에 엘라이오좀이 들어 있는 꽃식물은 1만 1천여 종이 있다.

마지막으로 아주까리를 닮은 진드기를 조금만 살펴보자. 작 은소참진드기*Haemaphysalis longicornis*는 절지동물문 거미강 끈끈참진 드기의 한 종이다. 우리 어릴 때는 '가분나리' '가분다리' '가분 지'라고도 불렀는데, 이른바 '살인 진드기'라 부르는 종이다. 이 들의 생활사는 알-유충-약충-성체 네 단계를 거치는데, 성 충은 빈대를 닮은 것이 아주 납작하다. 암컷은 몸길이가 3밀리 미터이고 수컷은 2.5밀리미터 정도다. 어릴 적 여물 할 풀을 한 짐하고 나면 어김없이 이놈들이 팔뚝에 엉금엉금 기어올랐더 랬다. 진드기 수놈의 정액에는 암컷을 폭식하게 만드는 물질이 있어 암컷은 알을 낳기 직전에 톱니 같은 이빨을 소(숙주)에 푹 박아 몸무게의 수십 배에 달하는 피를 득달같이 빨아댄다. 어 느새 암컷의 배는 약 1센티미터 넘게 빵빵하게 부풀어 오르니, 그 모양새가 천생 아주까리씨를 닮았다 하여 앞서 말한 "진드 기가 아주까리 흉보듯" "진드기와 아주까리 맞부딪친 격"이란 속담이 생겨난 것이다.

후추는 작아도 진상에만 간다

"후추는 작아도 맵다"는 "작은 고추가 더 맵다"와 비슷한 속 담으로, 몸집이 작거나 나이가 어려도 하는 일이 야무짐을 이르는 말이다. 같은 뜻으로 "후추는 작아도 진상에만 간다"는 말도 있는데, 여기서 '진상進上'이란 진귀한 물건이나 지방 토산품을 임금이나 고관에게 바친다는 뜻으로 '진봉進奉'이라고도 한다. "진상 가는 꿀 병 동이듯"이라거나 "진상 가는 봉물짐 얽듯"은 무엇을 소중하게 칭칭 동여매는 모양을, "진상 퇴물림 없다"란 갖다 바치면 싫어하는 사람이 없음을 이르는 말이다. 이 밖에도 "후추를 통째로 삼킨다"는 속 내용은 알려 하지 않고 겉 형식만 취하는 어리석은 행동을, "고추보다 후추가 더맵다"란 뛰어난 사람보다 더 뛰어난 사람 있다는 뜻으로 "뛰는 놈 위에 나는 놈 있다"는 말이렷다.

후추*Piper nigrum*는 후추목 후추과의 쌍떡잎식물로 4~8미터 내외의 상록덩굴식물이며, 세계적으로 여섯 가지 품종이 있다. 인도 남부 말라바르 해안이 원산이며 인도, 인도네시아, 말레이반도, 서인도제도 등 열대 지방에 분포하는데, 말라바르 해안에서 생산하는 후추가 맛이 좋기로 유명하다. 중국에서는 '호초胡椒'라 부르는데, 우리가 부르는 '후추'는 아마도 여기서 비롯된 말이 아닌가 싶다. 감히 소금과 맞먹을 정도로 귀했고, 돈 대신 썼기에 '검은 금black gold'이라는 별명이 있으며, 인도 등지에서는 결혼 지참금으로 쓰기도 했다.

식물체는 고습 고온의 반그늘 상태에서 잘 자란다. 번식은 주로 줄기를 꺾꽂이하며, 생장 조건이 좋으면 무려 40년까지 열매를 맺는다. 줄기는 목질로 마디에서 부착근(착생근着生根)이 나와 다른 물체에 달라붙으며, 두꺼운 잎은 어긋나고 가장자리가 밋밋하며 넓은 달걀 모양이거나 원형이다. 암수딴그루로 꽃은 흰색이며 후추 덩굴에서 꽃이 떨어지고 나면 초록색 다발의 후추 열매가 빽빽하게 뒤룽뒤룽 열린 후 익으면서 붉게 변한다. 둥근 열매는 지름 5밀리미터의 핵과로, 열매 안에 씨가 한개 들어 있다.

익기 전의 열매를 건조시킨 것이 '후추' 또는 '검은 후추'로 겉에 주름이 생기고 검은색을 띤다. 좀 더 여문 열매의 껍질을 벗겨서 건조시킨 것은 '흰 후추'라 하며, 농익은 열매를 사용한 것이 '붉은 후추'이다. 조금 더 설명을 보태면, 검은 후추는 설익은 녹색 후추를 수확하여 통째로 뜨거운 물에 데쳐 햇볕이나 건조기로 며칠간 말리면 쪼그라들면서 주름지고 검은색으로 바뀌고, 흰 후추는 검은 후추보다 좀 더 무르익은 열매를 일주일간 물에 재워 과육이 부드럽게 변하면 열매 살을 문질러 벗긴 흰색 씨앗을 꼬들꼬들 말린 것이다.

베트남이 전 세계 생산량의 34퍼센트를 차지해 제일 많이 재배·수출하는 나라이고, 다음이 인도로 19퍼센트, 그다음이 브라질, 인도네시아, 말레이시아 순이라 한다. 주로 가루 내어 쓰지만 통으로 이용하기도 하는데, 미리 갈아놓거나 햇볕을 받으면 맛과 향이 날아가므로 먹기 전에 바로 갈아서 먹는 것이 좋다.

후추는 짜릿한 매운맛과 상큼하면서도 자극적인 향이 특징이다. 세계적으로 매년 13만 톤 정도가 생산·유통되며, 이는 모든 향신료의 25퍼센트를 차지하는 양이다. 무엇보다 고기 누린내나 생선 비린내를 없애는 데 효과적이어서 스테이크, 샐러드, 수프, 크림소스 등에 사용하며, 살균 효과 또한 뛰어나서 햄과 소시지 같은 가공식품에도 널리 쓴다.

후추의 열매에는 고추의 캡사이신과 다른 피페린piperine이 5~9퍼센트, 차비신chavicine이 6퍼센트, 기름(정유精油)이 1~2.5퍼센트 들어 있다. 후추는 향신료 역할뿐만 아니라 소화 흡수, 식욕 증진에도 효과가 있으며, 창자 안에 차 있는 가스를 배출하는 구풍제驅風劑나 위액 분비를 죄어치는 건위제 역할도 한다. 또 항암 물질인 사프롤safrole과 항산화제도 들어 있으며, 재채기를 유발하는 피페린이 있어 체지방을 분해하고 체열 발생을 촉진하며, 뇌에서 세로토닌serotonin과 베타엔도르핀beta-endorphin도 생성한다. 그러니 유럽에서는 한때 후추를 불로장수의 정력제라 믿었다지만 그렇다고 기를 쓰고 억지로 먹을 필요는 없다. 넘치면 모자람만 못한 법이니…….

유럽 사람들은 예나 지금이나 육(고기)이 식생활의 주체이다. 그래서 후추와 같은 살균력과 방부 효과가 있는 향신료를 듬뿍 쳐서 육류의 부패를 예방하고 느끼한 누린내를 지워야 했다. 후추는 여러 경로를 통해 로마로 전파되었지만, 고대 로마가 멸망하면서 한동안 유럽 사회에서 자취를 감추었다. 그 때문에 동방의 진귀한 물건인 비단, 설탕(사탕무)과 함께 후추를 구하려는 염원이 절실했고, 덕분에 포르투갈이나 영국 등 서유럽 국가들이 물불을 가리지 않고 경쟁적으로 동방원정에 박차를 가하게 되었다. 그렇게 콜럼버스가 신대륙까지 발견할 수 있었으니(인도인 줄 알고 상륙한 곳이 신대륙이었다) 역설적으로 후추 하나가 세계사를 바꾼 셈이다.

옛날에는 후추가 워낙 비싸고 귀하여 '제피나무'라고도 부르는 '초피椒皮나무' 열매를 대용으로 썼다. 빨갛게 익은 열매송이를 따서 새까만 씨는 발라내고 종피種皮를 가루 내어 향신료로 썼으니, 추어탕에 으레 이 초피가루를 넣어 먹었더랬다. 초피 외에 경남 산청에서는 '방아(배향초)'라는 일종의 허브도 일상으로 먹었다. 방아는 박각시(나방)가 자주 들르는 향이 독특한 꿀풀과 식물로, 마당가 담벼락 밑에 길길이 자라는 방아 잎을 따서 장떡에는 물론이고 겉절이나 물김치, 된장 순대에도 넣어 먹었다. 향도 향이려니와 부패를 방지하기 위해 주로 썼는데, 습도가 높고 무더운 동남아시아에서 고수 따위의 냄새나는 풀을 음식에 넣는 것과 매한가지다. 이 방아 향을 잊지 못해 시골에서 씨를 받아다 텃밭에 심어 잎과 순을 따먹으니, 어릴 적에 엄마가 해준 음식은 어느 것 하나 잊지 못한다. 다 대뇌에 인이 박힌 탓이다.

가을 상추는 문 걸어 잠그고 먹는다

"상추밭에 똥 싼 개는 저 개 저 개 한다"라거나 "삼밭에 한번 똥 싼 개는 늘 싼 줄 안다"라는 속담이 있다. 상추밭이나 삼밭에 똥을 누다 들킨 개는 얼씬만 해도 저 개 하며 쫓아낸다는 뜻으로, 한번 잘못을 저지르다 들키면 늘 의심을 받게 된다는 말이다. "상추쌈에 고추장이 빠질까"는 사람이나 사물이 긴밀하게 관련되어 있어 언제나 따라다님을, "고추장 단지가 열둘이라도 서방님 비위를 못 맞춘다"는 성미가 몹시 까다로워 비위 맞추기가 어려움을, "고추장이 밥보다 많다"는 곁에 딸린 것이 주된 것보다 더 많음을 이르는 말이다. 또 "가을 상추는 문 걸어 잠그고 먹는다"는 "봄 조개 가을 낙지"라거나 "새봄 첫 부추는 사위도 안 준다"와 매한가지로 음식도 다 철이 있다는 의미렷다.

상추Lactuca sativa는 초롱꽃목 국화과의 한해살이 또는 두해살이 채소이다. 우리나라에서만도 중부지방 이북에서는 찬 겨울을 이기지 못하고 죽어버리니 1년초이지만, 필자의 고향인 남부지방에서는 맨땅에서도 거뜬히 자생하니 두해살이풀이다. 속명의 *Lactuca*는 라틴어로 상추lettuce란 뜻이고, 종소명인 *sativa*는 재배한다는 뜻이며, *Lactuca*의 *lac*은 우유를 뜻하니, 잎·줄기·뿌리를 잘랐을 적에 분비되는 하얀 유액乳液을 이르는 말이다. 상추에는 잎이 여러 겹으로 겹쳐 둥글게 속이 차는 양상추(결구상추)와 잎사귀가 오글오글한 청치마상추나 적치마상추 같은 잎상추가 있다.

상추는 유럽과 서아시아가 원산지이다. 잎은 타원 꼴이고 쪽 곧은 줄기에 달려 있으며, 대궁이 위로 갈수록 점차 작아진다. 꽃은 6~7월에 노란색으로 피고, 꽃대 끝에 꽃자루가 없는 작은 꽃이 많이 모여 피어 머리 모양을 이루는 두상화頭狀花이다. 열매는 수과瘦果로 모가 나고, 씨는 하나이며 작아서 익어도 터지지 않는다. 긴 부리 끝에 하얀색 털이 붙어 있으니 이를 갓털(관모)이라 한다. 갓털은 낙하산을 쏙 빼닮아(실은 낙하산이 이 갓털을 흉내 낸 것이다) 바람을 타고 멀리멀리 사뿐히 날아 분산하는데, 이는 국화과식물의 특징으로 민들레 씨가 가장 대표적인 예다.

상추는 재배 역사가 매우 오래되어서 기원전 4500년경의 고대 이집트 피라미드 벽화에도 그려져 있다. 중국에는 당나라 때 이미 채소로 먹었다는 기록이 있으며, 연대가 확실하지는 않으나 중국 문헌에 우리 고려 상추가 질이 좋다는 기록이 있으니, 고려 사신이 가져온 상추 씨앗은 천금을 주어야만 얻을 수 있다 하여 '천금채千金菜'라 불렀다고 한다.

주로 무침, 샐러드, 쌈, 튀김, 샌드위치, 겉절이로 먹는데, 흐르는 물에 속속들이 매매 씻어야 대장균이나 살모넬라에 감염되지 않는다. 상추는 비타민과 무기질이 풍부하고, 우윳빛 즙액인 쓴맛 나는 락투세린lactucerin과 락투신lactucin이라는 알칼로이드 물질이 있어 진통과 최면에 효과가 있다. 그래서 상추를 많이 먹으면 느닷없이 잠이 온다 하여 서양에서는 흔히 '잠풀sleepwort'이라고 했다.

수확의 기쁨은 흘린 땀에 정비례한다지. 곱게 다듬은 밭고랑에 성글게 씨앗을 줄뿌림하는데, 실제로 씨앗이 작고 뾰족하여 골고루 파종하기가 쉽지 않다. 파종 후 흙덮기는 아주 살짝만 해도 좋으니, 상추 씨앗은 어지간히 햇빛을 받아야 기를 쓰고 탐스럽게 발아하는 성질이 있기 때문이다. 상추는 아주 다부지고 지독해서 파종한 후에 자란 모종을 옮겨 심어도 여간해서 죽지 않는다. 필자처럼 "봄 남새는 큰 것부터 솎아먹는다"고 본밭에서 길러가면서 다복이 난 것을 군데군데 골라 뽑아 먹고 띄엄띄엄 성기게 세워두면 길차게 자라니 밑동부터 잎을 갈겨 먹는다. 상추는 봄과 가을 두 번 씨앗을 뿌려먹는 이기작을 한다. 참고로 동일한 농장에 농작물 두 종류를 1년 중 서로 다른 시기에 재배하는 농법을 이모작이라 한다.

밥상에서 정情 난다고 했던가. 우리만의 독특한 음식 문화 가운데 푸새 잎에 밥을 싸 먹는 쌈 문화가 있으니, 그중 하나 의 재료가 바로 상추다. 상추 잎에 밥을 놓고 양념장을 얹어 쑥 갓, 실파(세파) 등을 함께 싸서 목젖이 드러나도록 입을 쩍 벌리 고 그들먹하게 쑤셔 넣으니, 한입 째지게 우걱우걱 씹어 먹어 야 제맛이 난다.

『농가월령가農家月令歌』「오월령」의 맨 끝자락에 이런 대목이 있다. "아기 어멈 방아 찧어 들바라지 점심 하소. 보리밥 찬국 에 고추장 상치 쌈을 식구들 헤아리니 넉넉히 준비 하소." 여 름철 농촌에서 땀 흘리며 밭일하다 들밥으로 상추쌈을 먹는 광 경이 그려지는가. 긴긴 세월 우리 민초들의 자양분이 되어준 상추에서 수더분한 천년의 맛과 향기가 난다.

우리가 먹는 귤이나 사과에 든 영양물질은 최소 400가지가 넘는다. 상추에 든 영양소도 마찬가지로 터무니없이 많아서 다 알기는 불가능하지만, 중요한 영양소 몇 가지만 적자면, 탄수 화물, 당, 식이섬유, 지방, 단백질, 비타민(A, B_1, B_2, B_3, B_6, B_9, C, E, K),

베타카로틴, 미량 무기물질(Ca, Fe, Mg, K, Na, P) 등이 있다.

노벨상을 두 번이나 수상한 생화학자 라이너스 폴링Linus Pauling 박사는 "세상의 어떤 비타민 보충제도 시금치를 대신할 수는 없다"라고 했다. 모름지기 영양분은 음식으로 보충해야 한다. 그리고 음식마다 구성 성분이 조금씩 다르니 무엇이든 골고루 먹을 것이다. 식약동원食藥同源이라고 음식이 곧 약이다!

손톱 밑에 가시 드는 줄은 알아도
염통 밑에 쉬스는 줄은 모른다

　다음의 짧은 토막글은 작가 민태원의 수필 「청춘예찬靑春禮讚」
의 첫 구절이다. 필자가 고등학교 때 읽은 글로, 국어시간에 열
심히 외웠던 기억이 난다.

　청춘! 이는 듣기만 하여도 가슴이 설레는 말이다. 청춘! 너
의 두 손을 가슴에 대고, 물방아 같은 심장의 고동을 들어 보
라. 청춘의 피는 끓는다. 끓는 피에 뛰노는 심장은 거선巨船의
기관같이 힘 있다. 이것이다. 인류의 역사를 꾸며 내려온 동력
은 바로 이것이다. 이성은 투명하되 얼음과 같으며, 지혜는 날
카로우나 갑 속에 든 칼이다. 청춘의 끓는 피가 아니면, 인간
이 얼마나 쓸쓸하랴? 얼음에 싸인 만물은 죽음이 있을 뿐이다.

읽으면 읽을수록 싱그러운 기운이 푹푹 솟는 글이다. 심장을 '물방아'와 '큰 배'에 비유하고 있으니, 작가는 청진기로 쿵쿵 뛰는 심장 고동 소리를 들어본 적이 있음이 분명하다.

심장의 순우리말은 '염통'이다. "염통에 바람 들다"란 마음이 들뜨서 제대로 행동하지 못함을, "염통에 털이 나다"는 체면도 모르고 아주 뻔뻔함을 이르는 말이다. 또 "염통이 비뚤어 앉다"는 마음이 비꼬임을, "간에 붙었다 염통에 붙었다 한다"는 약삭빠른 잇속에 지조 없이 이편저편에 붙었다 함을 이르는 말이다. "손톱 곪는 줄은 알아도 염통 곪는 줄은 모른다"거나 "손톱 밑에 가시 드는 줄은 알아도 염통 밑에 쉬(파리의 알)스는 줄은 모른다"는 눈앞에 보이는 사소한 이해관계에는 밝아도 잘 드러나지 않는 큰 문제는 깨닫지 못함을 비꼬는 말이다.

염통 대신 '심장'에 얽힌 말도 여간 많지 않다. "심장에 새기다"란 잊지 않게 단단히 마음에 기억함을, "심장에 파고들다"는 어떤 일이나 말이 마음속 깊이 새겨져 자극이 됨을, "심장을 찌르다"란 핵심을 꿰뚫어 알아차림을 이르는 말이다. 또 "심장이 강하다"는 비위가 좋고 뱃심이 셈을, 반대로 "심장이 약하다"는 배포가 두둑하지 못하고 숫기가 없음을, "심장이 뛰다"는 가슴이 조마조마하거나 흥분됨을 이르는 말이다. 이 밖에도 흔히 "손이 차가운 사람은 심장이 뜨겁다"고 하는데, 감정이 풍부하고 열정이 있는 사람이 겉으로 냉정한 태도를 취함을 이르는 말이다.

심장의 무게는 평균하여 여자는 250~300그램, 남자는 300~350그램 정도이며, 크기는 심장 주인의 오른쪽 주먹만 하다. 가슴우리(胸腔) 안에 자리하며 가로막, 위, 허파 사이에서 약간 왼쪽으로 치우쳐 있으며, 체액으로 가득 찬 심장막 두 겹에 싸여 있다. 심장 표면으로는 심장 자체에 혈액을 순환시키는 혈관이 있는데, 이 심장혈관 가운데 가장 큰 동맥을 관상동맥이라 한다.

염통은 순환계의 중추기관으로, 안간힘을 다해 주기적으로 수축과 이완을 되풀이함으로써 혈액을 온몸에 공급하는 펌프 역할을 한다. 심장의 수축이완은 휴식 상태에서는 보통 1분에 72회 반복하는데, 하루 24시간을 따지면 평균 10만여 번 반복하니, 70세를 기준으로 하면 사람은 평생 26억 번 심장박동을 하는 셈이다. 심장은 한 번 수축할 때 혈액을 대략 80밀리리터가량 대동맥으로 내보내므로, 1분당 약 5리터가 심장을 거쳐 우리 몸을 돌고 40~50초 만에 다시 제자리로 돌아온다. 사람의 동맥, 정맥, 모세혈관을 몽땅 한 줄로 이으면 지구 세 바퀴에 해당하는 12만 킬로미터나 된다.

심장이 하루에 10만 번, 평생 수십억 회를 박동해도 지치지 않는 이유는 어디에도 견줄 수 없는 심장만의 생고무 같은 질기고 탄력 있는 근육이 있기 때문이다. 심장근육은 팔다리를 재빠르고 세차게 움직이게 하는 가로무늬근(횡문근)과 내장기관을 쉼 없이 천천히 움직이게 하는 민무늬근(평활근)의 장점을 두루 갖추고 있다. 또한 회복력이 뛰어나 박동과 박동 사이에 잠깐 쉬는 것만으로도 쉬이 피로를 회복할 수 있다.

심장박동은 자율신경과 호르몬의 조절을 받는다. 교감신경은 심장박동을 증가시키고 부교감신경은 감소시키니 서로 길항적이다. 부신수질에서 분비하는 아드레날린이라고도 부르는 에피네프린epinephrine은 교감신경에서 분비하여 매양 심장박동을 빠르게 하며, 부교감신경에서 분비하는 아세틸콜린acetylcholine은 심장박동을 느리게 한다. 이렇게 심장이 자율신경의 지배를 받기 때문에 우리는 의지대로 심장을 멈추거나 천천히 또는 빨리 뛰게 할 수 없다.

그런데 심장은 이러한 신경이나 호르몬과 무관하게 스스로 박동한다. 우심방에 있는 동방결절이라는 근육에서 약 0.8초 간격으로 전기를 발생시키면 그 전류가 방실결절에 전달되어 심방과 심실을 수축시키는데, 이러한 신경충격(전기 자극)은 심실의 격벽에 있는 히스 근색筋索이라는 근육을 따라 심실로 전달된다. 이후 특수 근섬유인 푸르킨예 섬유Purkinje fibers로 흥분이 전해져 연신 피를 펌프질할 수 있게 된다. 앞에서 '동방洞房'이란 방(침실)이나 '신방新房'을 뜻하는 말이다. 흔히 병원에서 시행하는 심전도 그래프는 동방결절이 일으키는 전기 자극을 측정하는 것으로 심장의 상태를 알 수 있다. 곧잘 생기는 심장병으로는 협심증, 심근경색증, 판막질환, 부정맥 등이 있다.

심장은 네 개의 공간이 있다. 우심방과 우심실 사이에는 삼첨판三尖瓣이라는 칸막이가 있고, 좌심방과 좌심실 사이에는 이첨판二尖瓣이 있어서 혈액이 거꾸로 흐르는 것을 막아준다. 오른쪽 방실은 온몸을 돌고 온 정맥 피가 들어와서 폐로 보내는 곳이고, 왼쪽 방실은 폐로부터 산소가 많은 신선한 동맥 피가 들어와서 온몸으로 보내는 곳이다.

옛날부터 심장은 생명과 동일시하였기에 심장이 뛰지 않으면 사망한 것으로 여겼다. 인간의 생명 유지에 꼭 필요한 장기인 심장·뇌·폐를 '3대 생명 장기'라고 하며, 일반적으로 심장과 폐가 기능을 멈춰 죽는 것을 심폐사心肺死라고 하는데 법의학과 민법에서는 이때를 원칙적으로 사망 시점으로 본다.

배꼽이 웃겠다

손톱 밑에 낀 때를 '손곱'이라 하고, 눈에서 나오는 진득진득한 액이 말라붙은 것을 '눈곱'이라 한다. 그렇다면 배꼽도? 싶겠지만 '배곱'이 아니고 '배꼽'임을 혼동하지 말지어다.

"배꼽에 어루쇠를 붙인 것 같다"는 속담이 있다. 구리 따위의 쇠붙이를 반들반들하게 갈고 닦아 만든 거울을 배꼽에 붙이고 다니며 모든 것을 속까지 환히 비추어 본다는 뜻으로, 눈치가 빠르고 경우가 밝아 남의 속을 잘 알아차림을 이르는 말이다. 또 "배꼽이 하품하겠다"는 어이없고 가소로움을, "아이보다 배꼽이 크다"는 주된 것보다 딸린 것이 더 큼을, "배꼽에 노송나무 나거든"은 사람이 죽은 뒤 무덤 위에 소나무가 나서 노송老松이 되니, 기약할 수 없음을 비유적으로 이르는 말이다.

이 밖에도 "배꼽(을) 빼다" "배꼽(을) 쥐다"란 몹시 우스워 배를 움켜잡고 크게 웃음을, "배꼽(이) 웃겠다"는 하는 짓이 하도 어이 없어서 가소롭기 짝이 없음을, "배꼽을 맞추다"는 남녀가 정을 통함을, "배꼽 떨어진 고장"은 태어난 지방을 비유적으로 이르는 말이다.

'배꼽'이 들어간 합성어도 많다. '배꼽춤'은 산대놀음에서 탈을 쓴 사람이 배를 내놓고 미친 듯이 추는 춤을 말하고, '배꼽시계'란 배가 고픈 느낌으로 끼니때를 짐작하는 것을 우스꽝스럽게 이르는 말이다. 또 '배꼽인사'는 감사의 표현으로 허리를 90도로 숙여서 배꼽에 닿게 하는 인사를 말한다.

한편, 배꼽은 탯줄과 떼려야 뗄 수 없는 관계다. 탯줄(제대)은 한마디로 모체 자궁의 태반과 태아의 배꼽을 잇는 굵은 줄로, 모체의 산소와 영양분, 비타민, 호르몬이 든 피가 지나는 길이다. 탯줄을 통해 들어온 '태아의 밥'이 태아의 온몸을 도는 '태아순환'을 한 후 이산화탄소나 요소 등의 태아 대사산물(노폐물)이 탯줄을 통해 고스란히 모체로 드니 그야말로 모자母子는 한몸인 셈이다.

탯줄은 '생명의 뿌리'인 태아가 5주 될 즈음에 만들어지기 시작하는데, 태반에 붙은 탯줄자국이 바로 배꼽이다. 사람은 탯줄자국 흉터가 또렷하지만 동물에 따라서는 납작하거나 밋밋하고, 가는 금 같거나 털에 가려 거의 보이지 않는 경우도 있다. 대부분의 동물은 새끼를 낳자마자 탯줄을 깨물어 자르고 태반을 서둘러 먹어치우니, 태가 양분이 되는 것은 물론이요 천적들이 냄새를 맡고 달려드는 것을 방비하기 위함이다. 그리고 보면 참으로 영검靈劍한 어미들이다!

탯줄을 자르고 나면 다들 안절부절못한다. 다리를 발짝거리며 기를 쓰고 들입다 내지르는 갓난아기의 첫 울음소리가 다부지고 세차면 튼실한 아이다. "으앙 으앙 으앙!!!" 여태 양수에 잠겨 있어 쭈그러든 풍선 같던 허파를 좍– 펴게 하는 우렁찬 소리 지르기를 한다. 그러니 갓난이가 희미한 모기 소리를 내거나 숫제 울지 않으면…… 어떤 일이 일어나는지 알 것이다.

배꼽은 난황낭卵黃囊과 요막尿膜에서 만들어진다. 달이 차 만삭이 가까워지면 임부妊婦의 배꼽도 따라서 볼록 튀어나온다. "배보다 배꼽이 더 크다"는 속담이 떠오르니, 마땅히 작아야 할 것이 더 크고 많아 주객이 전도된 상황을 이르는 말이렷다. 어찌됐건 배를 쑥 내밀고 두 팔을 흔들며 거만하게(?) 걸어가는 생명을 잉태한 임부의 모습은 이 세상 무엇보다 숭고하고 아름답다.

배꼽은 일종의 흔적기관이기 때문에 특별히 수행하는 기능은 없다. '배꼽 유두'와 '배꼽 테'로 나뉘는데, 배꼽 유두는 피하조직이 약해 배꼽 가운데가 불쑥 올라온 부위를 말하고, 배꼽 테는 배꼽 유두의 테두리 부위인 배꼽노리를 이른다. 보통 생후 며칠이 지나면 배꼽노리가 좁아지는데, 그렇지 못하고 연신 널찍이 남아 있으면 배꼽 탈장을 일으키는 수가 있다.

어릴 적에는 여름을 빼고는 목욕을 거의 못한지라 배꼽에 낀 쇠똥 같은 때를 손톱이나 작은 꼬챙이로 발라내곤 했다. 고개를 내려 처박고 배꼽 때를 빼내다가 어머니께 들켜 혼나곤 했으니, 우리 어머니도 배꼽자리가 얇고 여린 조직임을 알고 계셨던 것이다. 그때만 해도 하도 빼빼해 배꼽이 불룩 '난 배꼽'이라 그 짓을 했는데 나이 먹어 뱃살이 뒤룩뒤룩 붙으니 어느새 옴폭 '든 배꼽'이 되고 말았다.

배꼽은 몸의 정중심부라 예부터 '생명의 자리'로 보았다. 독수리가 팔을 벌리고 있는 듯한 레오나르도 다빈치의 「인체비례도」에서도 몸의 제일 중앙을 배꼽이 차지한다. 동양의학 용어에 '단전丹田'은 흔히 배꼽 밑 3치(9센티미터쯤) 부위를 말한다. 사람 몸은 정精·기氣·신神이 주가 되는데, 하단전은 장정藏精의 자리이고, 중단전은 장기藏氣의 자리이며, 상단전은 장신藏神의 자리라고 하였다. 신은 기에서 생기며 기는 정에서 생기므로 정·기·신을 항상 수련해야 한다.

딱 그렇다. 식물 열매의 꽃받침이 붙었던 자리도 배꼽이니, 이를테면 사과 꼭지(탯줄)가 사과나무(모체)와 사과 열매(태아)를 이어주는 양분이 지나가는 길이다. 그러니 깊게 움푹 파인 사과 배꼽이 청상 내 배꼽이로구나. 사물을 정확히 보고 싶으면 시詩를 쓰라 했것다. 속절없이 사과가 되어 사과를 바라보는 적심赤心이 바로 시심詩心인 것을! 이래저래 '배꼽만큼 남은' 앞날을 '배꼽 덜 떨어진' 철부지로 살다 가리라.

싸리 밭에 개 팔자

옛날에 한 선비가 어느 산골로 벼슬살이를 하러 내려가고 있었다. 그런데 그 양반이 양지바른 산자락을 돌아가다가 갑자기 멈춰서더니 큰절을 넙죽넙죽 하는 것이 아닌가. 이를 기이하게 여긴 마을의 노인 하나가 뒷짐을 지고 선비를 슬슬 따라가봤다. (……) 선비는 꽃이 만발한 싸리나무숲에 대고 수없이 절을 하고 있었다. 노인이 헛기침을 한 번 하고는 가까이 가서 물었다.

"무엇 때문에 싸리나무한테 그렇게 극진히 절을 하는 것이오?" 선비가 대답했다. "제가 과거에 급제하여 벼슬을 얻게 된 것은 저희 스승님이 열심히 가르쳐 주신 공덕이기도 하지만, 싸리 회초리를 맞으며 공부를 했기 때문이기도 합니다.

그러니 싸리나무도 제 은사라 할 수 있지요. 지나가다가 마침 싸리나무가 눈에 띄기에 너무 고마워서 절을 한 것입니다."

'소불근학노후회少不勤學老後悔'라 했다. 모름지기 젊을 때 부지런히 배우지 않으면 늙어서 후회한다! 그러니 매를 아끼면 아이를 망친다고 했는데 요새는 어떤가. 하기야 선생질하기가 얼마나 힘들면 "선생 똥은 개도 안 먹는다"고 했을까. 모름지기 교육의 바탕은 선생님의 양질의 매인 것이니, 누가 뭐래도 감동을 주는 선생님에게는 학부형도 꼼짝달싹 못하는 법, 그래서 사제 관계를 은원恩怨 관계라 하지 않던가.

길섶에서 싸리나무나 아까시나무를 만나면 언제나 가녀린 잎사귀를 따서 두 입술에 물고 후─ 불거나, 두 엄지손가락을 가지런히 맞댄 틈새에 잎을 끼워 잡고 입김을 훅훅 불어넣어 풀잎피리를 분다. 그럴 때면 늙어빠져 뒷방 노인이 된 초라한 지음知音이나 영영 불귀객不歸客이 된 고향 불알친구들이 생각난다.

한여름 산기슭을 온통 연보랏빛으로 뒤덮은 싸리나무*Lespedeza bicolor* 꽃은 무척 아름답고 소담스럽다. 싸리나무는 꽃에 향기로운 꿀물이 많아 꿀벌의 밀원蜜源이기도 하다. 콩과에 속하는 싸리는 우리나라에 25종이나 있는데, 아주 키가 큰 놈이 3미터쯤 자란다. 잎은 잔잎 세 장이 모인 겹잎이며, 넓은 타원형이거나 달걀을 거꾸로 세운 도란형倒卵形이다. 꽃은 홍자색으로 7~8월에 무리지어 핀 후 긴 콩꼬투리를 맺는다.

옛날에는 싸리나무 줄기는 땔나무로 쓰고, 잎은 사료로 나무껍질은 섬유로 썼다. 또 싸릿대(싸리줄기)를 통째로 잘라 말려 묶어 빗자루를 만드니 그것이 마당 쓰는 싸리비였고, 대문을 만들어 세우니 사립문이었으며, 집을 지었으니 싸리집이었다. 싸리줄기를 서너 시간 삶아 벗겨낸 겉껍질을 '비사리'라 하고, 매끈매끈한 속을 '속대'라 하여 여러 물건의 재료로 썼는데, 비사리로 노를 꼬거나 미투리 바닥을 삼고, 밧줄, 맷방석, 멱둥구미, 망태기를 만들었으며, 속대나 그것을 쪼갠 토막 싸릿개비로는 채그릇, 채반, 다래끼, 소쿠리를 만들어 썼다. 그것뿐일라고? 화살대, 옻, 횃불, 바지게, 지팡이도 만들어 썼으니, 입는 것, 먹는 것, 자는 것 어느 하나 자급자족하지 않은게 없다. 원시생활이 따로 없는 애옥한 삶을 필자도 체험하였으니…… 그래도 그때가 좋았다!

싸리는 겨울철 땔감으로도 좋다. 줄기에 기름기가 많아 젖은 상태에서도 불이 잘 붙고 화력이 좋으며, 연기가 나지 않고 오래 타는 까닭에 밥을 짓는 데도 안성맞춤이다. 필자는 겪어보지 않았지만 옛날에는 이른바 구황식물로도 긴요하게 썼다고 한다. 물 오른 어린 싹은 한소끔 데쳐 조물조물 나물을 해먹었고, 가을에는 씨를 받아 가루로 죽을 쑤거나 밥에 섞어 먹기도 했다. 말 그대로 초근목피요, 더없이 조악한 악식이지만 어찌 하리오. 바보스러웠다고 욕하지 말라. 그땐 그렇게 허기진 배를 달래며 백방으로 살아남으려고 무진 발버둥을 쳤다. 자고이래로 서양 사람들도 다르지 않았으매……

싸리 없이는 삶이 되지 않았던 탓에 조상들은 이모저모 한 맺힌 싸리 이야기를 넉넉하게도 풀었다. "싸리 밭에 개 팔자"라거나 "오뉴월 댑싸리 밑의 개 팔자"라는 말을 흔히 쓰는데, 하는 일 없이 놀고먹는 편한 팔자를 비꼬아 이르는 말이다. 여기서 '댑싸리*Kochia scoparia*'는 명아주과의 한해살이풀로 '대싸리'라고도 하는데, 높이는 1미터 정도로 곧게 자라고 뜰에 많이 심었다. 줄기는 말렸다가 빗자루를 만들고 종자는 약으로 썼다고 한다.

"오뉴월 개 팔자"도 같은 뜻이니, 오뉴월에 얽힌 속담도 많고 많다. "오뉴월 겻불도 쬐다 나면 서운하다"는 당장에 쓸데없거나 대단치 않게 생각되던 것도 막상 없어진 뒤에는 아쉽게 생각됨을, "오뉴월 감기는 개도 아니 걸린다"는 여름에 감기 앓는 사람은 변변치 못한 사람임을 이르는 말이다. "오뉴월 더위에는 암소 뿔이 물러 빠진다"는 음력 오뉴월 더위가 심함을, "오뉴월 소나기는 쇠등을 가른다"는 여름철 소나기가 국부적으로 내림을 이르는 말이다.

옛날에는 마마가 얼마나 창궐했는지 "싸리 말을 태운다"는 말이 있었다. 싸리를 서로 어긋나게 엮어 만든 말에 천연두 귀신을 태워 보내면 천연두가 낫는다 하여 푸닥거리를 했으니, 반갑지 아니한 손님을 쫓아낸다는 말이다. 그러고 보니 우리 나이만 해도 얼굴이 얽은 곰보(마마자국이 있는 사람을 낮잡아 이르는 말)가 많고 많았지만 요즘은 거의 보이지 않는다. 세계보건기구가 1980년 공식적으로 천연두 멸종을 발표했으니, 천연두 바이러스는 이제 지구에서 영영 사라져 버린 바이러스가 되고 말았다.

노루 꼬리만 하다

"노루 때린 막대기 삼 년 우린다"는 어쩌다가 노루를 때려잡은 막대기를 가지고 늘 노루를 잡으려고 한다는 뜻으로, 요행을 바라거나 지난날의 방법을 덮어놓고 지금에도 적용하려는 어리석음을 이르는 말이다. "노루 보고 그물 짊어진다"란 무슨 일을 미리 준비하지 않고 일을 당해서야 허겁지겁 준비함을, "노루 잡는 사람에 토끼가 보이나"는 큰일을 꾀하는 사람에게 하찮고 사소한 일은 보이지 않음을 이른다. 또한 "선불 맞은 노루 모양"이란 선불(급소에 맞지 아니함)을 맞아 혼이 난 노루나 날짐승처럼 당황해 마구 날뛰는 모양을, "노루 뼈 우리듯 우리지 마라"는 한번 보거나 들은 이야기를 두고두고 되풀이함을 핀잔하는 말이다. 이 밖에도 "노루가 제 방귀에 놀라듯"은 남몰래 저지른 일이 염려되어 스스로 겁을 먹고 놀람을, "노루 잠 자듯"은 노루가 잠을 깊이 자지 않고 자주 깬다는 데서 나온 말로, 잠을 잘 이루지 못함을 비유적으로 이르는 말이다. 또 어설프고 격에 맞지 않는 꿈을 "노루잠에 개꿈"이라 한다.

노루*Capreolus capreolus*는 우제목 사슴과에 속하는 동물로 우리 나라 전역의 산림지대에 산다. 자주 수렵의 대상이 되니, 고 기가 맛이 좋아 옛날에는 육포로 만들어 먹었고, 한방에서 는 노루 피를 허약한 사람에게 먹였다고 한다. 노루는 체장이 95~135센티미터이며, 어깨높이가 65~75센티미터에, 체중은 15~30킬로그램에 이른다. 여름털은 황갈색 또는 적갈색이고 겨울털은 탁한 갈색이며, 목이 긴 동물로 귀가 아주 커서 길이 가 12.7센티미터나 된다. 가을이 되면 두꺼운 겨울털로 바꾸는 털갈이를 하는데, 그때 희끄무레한 엉덩이에 심장 무늬가 나면 암컷이고 콩팥 꼴이 보이면 수컷이다. 20~25센티미터나 되는 곧추선 뿔은 수컷에만 있으며, 끝에 짧은 가지를 세 개 친다. 오래된 뿔은 가을이나 초겨울에 빠졌다가 얼른 새로 나니, 산 에서 주운 낙각에 열쇠를 달아서 벽에 걸어놓기도 했고, 빈혈 기가 있으면 그 뿔을 가져다 우려먹기도 했다. 우리나라를 비 롯하여 중국, 몽골, 러시아, 카자흐스탄 등에 널리 분포한다.

노루는 일부일처제를 비교적 충실히 따르는 동물로, 만약 짝을 잃으면 근처를 떠나지 않고 며칠을 울며 돌아다닌다고 한다. 텃세를 세게 부리는 수놈은 오줌똥을 깔겨 지린내를 풍기거나 사방에 풀을 뜯어놓아 영역 표시를 한다. 땅바닥을 움푹 파고는 발굽 사이에 있는 '제간선蹄間腺'의 냄새를 묻혀놓거나 눈 아래에 있는 '안하선眼下腺'의 냄새를 나무에 발라놓기도 한다. 8~9월에 짝짓기를 하고 다음 해 1월에 착상을 하니, 발굽동물 중 유일하게 지연착상을 하는 동물이다. 임신 기간은 270~290일이고, 새끼 수는 1~3마리이며, 수명은 자그마치 10~12년이다. 호랑이, 표범, 곰, 늑대, 독수리가 노루의 천적이다.

준족(빠른 발)을 자랑하는 노루는 한번에 6~7미터를 껑충 뛸 정도로 질주력이 좋은데, 허겁지겁 달려가다가도 엉거주춤 한자리에 우두커니 서서 귀를 쫑긋 세우고, 목을 길게 치켜 빼고는 말똥말똥 실눈으로 빤히 사방을 힐끔거리는 버릇이 있다. 하지만 노루 꼬리는 고작 2~3센티미터에 지나지 않으니 "노루 꼬리만 하다" 하면 매우 짧다는 의미이고, "노루 꼬리가 길면 얼마나 길까"는 보잘것없는 재주가 뛰어나면 얼마나 뛰어나겠냐는 말이다. 또 "동지섣달 해는 노루 꼬리만 하다"라고 하면 해가 노루 꼬리만큼 짧으니 일할 시간이 없다는 뜻이다.

어릴 때만 해도 시골에는 노루가 흔해서 그놈들을 잡아 날가

죽을 벗기는 광경을 자주 보았다. 그런데 노루 살가죽 밑에 웬 놈의 구더기가 그렇게 구물구물 버글거리는지, 나중에 알고 보니 소나 말, 사슴 같은 동물에 기생하는 '쇠가죽파리'의 유충이었다. 벌을 닮은 쇠가죽파리가 노루 앞다리에 슨 알을 자칫 노루가 핥아 삼키기라도 하면, 입안에서 알을 깐 유충이 식도근육을 파고 들어가 피를 타고 가죽 밑에서 기생하다가 성충이 된 다음에 두꺼운 살갗을 숭숭 뚫고 나온다.

노루와 딱히 구별하기 어려울 만큼 유사한 동물로 고라니 *Hydropotes inermis*가 있다. 같은 사슴과 동물인데, 몸길이 75~100센티미터에 어깨높이 45~55센티미터, 꼬리는 6~7.5센티미터에, 몸무게가 9~14킬로그램에 이른다. 체격은 노루의 반 정도로, 암수 모두 뿔이 없는 대신 위턱에 송곳니가 자란 엄니가 나니, 수컷은 8센티미터나 되지만 암컷은 0.5센티미터쯤으로 겉으로 드러나지 않는다. 엄니는 잇몸에 느슨하게 박혀 있어 풀을 뜯을 때는 안면근을 써서 뒤로 살짝 젖힐 수 있으나 적수가 나타나는 날에는 잽싸게 바짝 세워 식겁을 주며, 맞고 때리는 힘겨운 암놈 차지 싸움에도 이 엄니를 곧잘 무기로 쓴다. 외진 강가 갈대밭이나 비산비야非山非野의 농지, 열린 늪지대에서 서식하며, 헤엄을 썩 잘 치기 때문에 '워터 디어water deer'라고 한다.

그럼 고라니와 노루를 구분해보자. 노루는 덩치가 크며, 수컷에 뿔이 있고 암컷은 없다. 반면에 고라니는 노루에 비해 작달막한 것이 몸무게가 10킬로그램이 조금 넘으며, 수컷은 송곳니가 변한 긴 엄니가 있다. '여각자불여치與角者不與齒'라, "뿔을 준 자에겐 이빨을 주지 않는다"는 말이 여기서 나왔을 터이다. 또한 "날개를 준 자에겐 발을 두 개만 준다"고 했으니, 세상만사 공평하기 짝이 없도다!

어장이 안 되려면 해파리만 끓는다

"해파리가 갯가에 밀려오면 닻을 내리라"는 말이 있다. 해파리가 밀려오면 폭풍이 올 조짐이라는 뜻으로, 이렇게 바다생물도 기상 예측을 한다. 그나저나 생사를 걸고 몸부림치며 그물질하는 얼굴이 거슬거슬한 어부들은 기껏 건져 올린 그물에 해파리만 한가득이면 죽을 맛이 된다. 한마디로 해파리는 어부들에게 상판대기도 보기 싫은, 사람을 질리게 하는 골치 아픈 손님이다. 해파리는 걸핏하면 해변에서 사람을 해코지하거나 어장을 발칵 뒤집어놓는 돼먹지 못한 말썽꾸러기인데, 대표 3인방이 작은부레관해파리, 노무라입깃해파리, 유령해파리이다. 이 중에서도 어민들이 속을 앓으면서 질색하는 녀석은 한국과 일본, 중국 연안에서 나는 노무라입깃해파리*Nemopilema nomurai*가

단연 으뜸이다. 이 노무라입깃해파리는 여름과 가을에 지나치게 많이 나타나며, 삿갓 길이가 2미터 안팎에 무게가 200킬로그램에 달한다니, 그야말로 슈퍼 해파리인 셈이다.

"어장이 안 되려면 해파리만 끓는다"고 했다. 일이 꼬여 달갑지 않은 일만 생긴다는 뜻인데, 같은 속담으로 "객주가 망하려니 짚단만 들어온다"가 있다. '객주'란 조선시대의 중간상인으로, 다른 지역에서 온 상인들의 거처를 제공하고 물건을 맡아 팔거나 흥정을 붙여주는 일을 하던 사람이다. 아무튼 "물 반, 고기 반"이라야 할 어장에 해파리가 판을 친다면 어부의 실망은 어떻겠는가. 오죽하면 요새는 어구(그물)에 해파리를 따로 분리하거나 토막내버리는 장치까지 달겠는가. 북한 속담에도 "물에 뜬 해파리 같다"가 있는데, 몹시 간사스러워 이리저리 피해 다니는 밉상스러운 사람을 놀림조로 이르는 말이다.

해파리는 예부터 바닷물 물살을 따라 대해에 희번덕거리며 둥둥 떠다니는 것이 꼭 달덩이를 닮았다 해서 '해월海月'이라 했다. 또 살이 흐물흐물하여 '수모水母'라고도 불렀으며, 정약전의 『자산어보玆山魚譜』에서는 긴 팔(촉수)이 여덟 개 달렸다고 해서 '해팔어海八魚'라고도 했다. 어쨌거나 이 '해팔어'가 '해파리'로 되지 않았을까 싶다. 생물학자다우신 정약전 선생은 『자산어보』에서 해파리의 생김새에 대해 다음과 같이 재미있게 묘사해놓았다.

머리와 꼬리가 없고, 얼굴과 눈도 없다. 모양은 중이 삿갓을 쓴 것 같고 허리에 치마를 입어 다리에 드리워서 헤엄을 친다. (……) 도미가 해파리를 만나면 두부처럼 빨아 마셔버린다.

해파리는 뭉그러지기 쉬운 한천질gelatin로 되어 있어서 영어로 '젤리피시jellyfish'라고 부른다. 하지만 젤리피시라고 해서 어류일 리는 만무하다. 해파리는 자포동물刺胞動物인데 말 그대로 '자포', 즉 자기 몸을 방어·보호하거나 먹이를 잡을 수 있는 '쏘는 세포'가 있는 동물이다. 촉수에 한가득 들어 있는 자포 속에 자세포가 있고, 그 안에 길쭉한 자사刺絲가 돌돌 말려 있는데, 사람이나 먹이에 자포가 닿으면 자포 속 수압이 별안간 증가하면서 자사가 순간적으로 튕겨 나와 수많은 가시들이 사람의 살을 긁어(쏘아) 상처를 주고 독액을 묻힌다.

자포동물은 히드라, 해파리, 산호, 말미잘 등 네 강綱으로 나뉜다. 자포Cnidaria는 자포동물문門에만 있는 특수 세포로, 그리스어 'knide(쐐기풀)'에 접미어 '-aria(닮았다)'가 합쳐진 단어이다. 해파리 중에서도 빗해파리는 자포가 없는 대신 '빗판'이라는 것을 달고 다녀서 자포동물문이 아닌 유즐동물문으로 분류한다. 유즐동물의 '즐櫛'은 머리빗을 의미한다. 학자 중에는 생물을 세세히 나누려는 사람이 있는가 하면, 가능한 비슷한 것을 묶으려는 사람이 있다. 전자는 해파리를 종류에 따라 자포동물과 유즐동물로 나누고, 후자는 모두 강장동물로 묶는다.

해파리는 종 모양의 삿갓을 오므렸다 폈다 하면서 먹잇감을 그러모아 잡아들인다. 육식동물로 다른 해파리가 주식이지만, 플랑크톤이나 갑각류 유생, 물고기 알, 소형 어류도 먹으며, 다랑어, 도미, 상어, 바다거북, 황새치가 천적이다.

그런데 해파리가 움직일 때마다 녹색 빛이 나는 이유는 무엇일까. 바로 녹색형광단백질GFP: green fluorescent protein이라는 물질 때문인데, 이 녹색형광단백질을 처음 발견한 사람은 일본의 생물학자이자 화학자 시모무라 오사무下村脩 박사이다. 1960년 나고야 대학에서 박사학위를 받고 프린스턴 대학과 보스턴 대학, 우즈홀 해양생물학연구소에서 활동한 시모무라 박사는 1962년에 해파리의 일종인 '에쿼리아 빅토리아Aequorea victoria'에서 녹색형광단백질을 처음 추출하는 데 성공했다.

이후 마틴 챌피Martin Chalfie 박사가 1994년 녹색형광단백질을 이용하여 이웃하는 유전자의 발현을 추적할 수 있는 연구 결과를 발표했고, 이 성과를 바탕으로 로저 첸Roger Tsien 박사가 형광단백질의 유전자를 변형하는 방법으로 형광의 색이 다양하게 나오게 하는 데 성공해 오늘날 세포 안에서 많은 유전자의 발현을 동시에 추적할 수 있게 되었다.

하여 2008년에 시노무라, 챌피, 첸 박사가 공동으로 노벨 화학상을 수상했으니, 이는 영락없이 해파리가 노벨상을 받은 것이나 다름없다. 수정해파리Crystal jellyfish라고도 부르는 에쿼리아 빅토리아 만세!

동짓달에 멍석딸기 찾는다

멍석딸기_Rubus parvifolius_는 장미과에 속하는 갈잎떨기나무로, 어마어마하게 내한성과 내건성이 강해 산기슭이나 벼랑길 어디에서든 잘 자란다. 키는 30센티미터 정도, 줄기는 옆으로 길게 포복하여 죽죽 뻗는데, 갈고리 모양의 꺼칠한 가시가 많이 난다. 잎은 어긋나고 작은 잎이 세 장 있는 3출엽으로, 끝자리의 잎이 다시 세 장으로 갈라지기도 한다. 작은 잎 가장자리에 톱니가 있으며 뒷면에 흰색 털이 촘촘히 나 있다. 꽃잎은 다섯 장이고 꽃받침보다 짧으며, 열매는 과육과 액즙이 많고 속에 씨가 든 장과漿果로 7~8월에 붉게 익는다.

북한 속담에 "동짓달에 멍석딸기 찾는다"는 말이 있다. "동지 때 개딸기"와 비슷한 말인데, 추운 동지에 멍석딸기(개딸기)

가 있을 리 없으니 이미 철이 지나 도저히 얻을 수 없는 것을 바란다는 의미이다. 우리나라에는 멍석딸기 말고도 산딸기와 뱀딸기를 비롯한 야생 딸기와 재배 딸기도 여러 종이 있다.

산딸기*Rubus crataegifolius*는 장미과에 들며 산과 들에 매우 흔한 낙엽관목이다. 햇볕이 잘 드는 양지에서 잘 자라고, 키는 약 2미터이며, 잎 뒷면에 가시가 많고, 꽃은 가지 끝에 붙어서 난다. 열매는 둥글고 익으면 검붉은색을 띠는데, 내 집안 사람 한 분은 일부러 산딸기를 밭에 옮겨 심어 돈 되는 재미를 보고 있으니, 부르는 게 값이요, 없어서 못 판다고 하더라.

뱀딸기*Duchesnea chrysantha*는 전국의 풀밭이나 숲 가장자리에 지천으로 자라는 여러해살이풀이다. 동그랗고 빨갛게 봉곳봉곳 올라와 땅바닥에 늘비한데, 먹을 수 있고 약용으로도 쓴다. 이제껏 '뱀' 자가 들어가면 으레 먹지 못하는 줄 알았는데 비로소 식용 가능한 놈을 만났다.

딸기가 들어가는 단어로 '딸기코'가 있다. 코는 사람에 따라 모양새가 다 달라서 딸기코는 물론 들창코, 매부리코, 직선코, 짧은 코, 갈고리 코, 주먹코, 비틀린 코 등 다양하다. 이 중에서 딸기코는 안면홍조와 모세혈관 확장으로 나타나는 증상으로, 술을 많이 먹어 그렇다는 것은 근거 없는 말이며, 자극이 강한 음식을 피하고 지나친 음주와 스트레스, 스테로이드 연고의 장기간 사용을 피하면 완화될 수 있다.

이제 재배 딸기인 양딸기에 대해 알아보자. 여러해살이인 딸기_{Fragaria × ananassa}는 장미과에 속하는 식물이나 주로 그 열매를 말하며, 겉보기에는 과일이지만 채소에 속하는 열매채소이다. 열매채소는 오이, 호박, 참외 등의 박과 채소와 고추, 토마토, 가지 등의 가지과 채소, 완두, 강낭콩 등의 콩과 채소 외에도 딸기, 옥수수 나부랭이들이 있다.

앞서 밝힌 대로 딸기의 학명은 *Fragaria × ananassa*이다. 속명과 종소명 사이에 '×'가 들어 있어 다른 학명과 숫제 다른, 상당히 드문 예인데 이것은 이 식물이 '잡종'이라는 뜻이다. 재배종은 원예로 육성된 것으로, 유럽이나 미국에서 여러 종의 야생종과 교배시킨 잡종을 가리킨다. 그런데 어떤 자료에 보면 딸기의 학명을 *Fragaria* spp.라 써놨다. 만일 *Fragaria* sp.라면, 속명은 *Fragaria*이지만 종소명이 확실하지 않다는 뜻이고, *Fragaria* spp.란 여러 종소명을 알지 못한다는 의미이다(sp.는 종을 뜻하는 species의 약자이고, spp.는 sp.의 복수형이다).

딸기는 한자로 '매莓' 또는 '초매草莓'라고 한다. 유럽 중부가 원산지이며, 우리나라에는 1900년대 초엽에 전래된 것으로 알려져 있다. 온도에 대한 적응성이 강하여 적도 부근에서 북극 가까운 지역까지 두루 잘 자란다. 잎자루는 길고 큰 잎이 세 장 달리며, 각각은 둥글고 가장자리가 톱니 모양이다. 꽃잎은 다섯 장이고, 양성화로 암술과 수술이 진노랑이다.

식용하는 딸기는 씨방이 발달해 과실이 되는 보통 과실과는 달리 꽃턱이 발달한 것이다. 여기서 꽃턱이란 꽃자루 맨 끝의 불룩한 부분이 곤봉 모양으로 커져서 그 위에 암수술이 붙는 것으로, 화탁花托 또는 화상花床이라고도 한다. 과실의 모양은 공 모양, 달걀 모양 또는 타원형이고, 대개는 붉은색이지만 드물게 흰색 품종도 있다. 씨방이 변한 씨는 열매 속에 없고 과실의 표면에 가뭇가뭇 깨알같이 퍼져 있다.

상큼한 딸기는 100그램에 35칼로리의 열량을 낸다. 딸기에는 탄수화물 8.3그램, 칼슘 17밀리그램, 인 28밀리그램, 나트륨 1밀리그램, 카로틴 6마이크로그램, 비타민 C 80밀리그램, 비타민 B_1과 B_2 0.05밀리그램 등이 들어 있어 영양이 매우 풍부한 편이다. 달콤한 맛에 특이한 향과 강렬한 붉은 색감, 물렁한 질감이 좋아 한 움큼씩 어석어석 생으로 먹기도 하지만, 저미고 짓이겨 주스나 파이, 아이스크림, 밀크셰이크, 초콜릿,

잼, 케이크, 셔벗, 빙수에 넣어 먹기도 한다. 딸기에 든 갖은 식물화학물질은 심혈관 질환 예방에 좋으며 소염제나 항암제로도 더할 나위 없이 좋다.

딸기는 대개 비닐하우스에서 재배하며, 꽃을 솎아 큰 열매를 따기도 한다. 같은 그루에서 매년 수확할 수도 있으나 점차 열매가 자잘해지기 때문에 보통은 어미그루만 남기고 거기서 나오는 기는줄기를 잘라 묘상苗床에 꽂아서 새 모종을 만들어 가을에 심는다. 다시 말해 꽃이 피기 시작하면서 딸기 포기 중심에서 새끼치기를 위한 '러너runner'가 생겨나니, 마디로부터 뿌리 및 줄기를 만들어 생기는 새끼 모종을 러너라 한다.

한국은 떡하니 세계 8위의 딸기 재배국이고 미국이 1위라 한다. 내 고향 경남 산청군 단성면에서도 비닐하우스에서 딸기를 많이 재배하니, 넓은 들판이 가히 일렁이는 운해雲海가 드리운 듯하다.

파랑새증후군

파랑새는 '청조靑鳥', '청새'로 이름하며, 행운을 상징하는 새요, 내로라는 영조靈鳥로 길조이다. 1950년대 후반에 유행했고 필자도 자주 따라 불렀던 노래 「청포도 사랑」에도 파랑새가 나온다. "파랑새 노래하는 청포도 넝쿨 아래로, 어여쁜 아가씨여 손잡고 가잔다……." 또 전봉준 장군의 동학 혁명군 시절을 노래한 전래 민요에도 파랑새가 나오니 "새야 새야 파랑새야, 녹두밭에 앉지 마라. 녹두꽃이 떨어지면 청포장수 울고 간다"고 했던가.

파랑새*Eurystomus orientalis*는 파랑새목 파랑새과의 조류이다. 몸 길이는 약 30센티미터이며, 전체적으로 금속 광택이 나는 진한 녹청색에 머리와 날개 끝은 흑갈색이다. 부리는 짧고 넓으며(속명의 *Eurystomus*가 '넓은 입'이라는 뜻이다) 다 자란 새는 부리와 다리가 붉다. 날개 바깥이 옅은 청색인데 이 부위가 공중을 날면 아주 뚜렷하게 보여서 '파랑새'라는 이름이 붙었다. 한국에서는 흔하지 않은 여름새로 우리나라 전역에서 번식하지만, 겨울에는 인도, 일본, 보르네오 섬, 호주 등지로 이동한다. 한국뿐만 아니라 필리핀, 인도네시아, 말레이시아, 베트남, 미얀마, 호주 등지에서 사는 텃새이다.

파랑새는 주로 침엽수림이나 혼합림 또는 공원이나 농경지 부근에서 산다. 부리가 워낙 단단해서 전신주에 구멍을 뚫고 둥지를 틀기도 하지만, 보통은 속이 썩은 통나무 구멍(구새통)이나 딱따구리의 낡은 둥지, 까막까치를 쫓아버리고 남은 집에서 살림을 꾸린다. 참고로 "구새 먹다"라고 하면 살아 있는 나무 속이 오래되어 저절로 썩어 구멍이 뚫린다거나 내용이 허름하게 되는 경우를 이르고, "구새 먹은 고목 같다"는 맥을 추지 못하고 실속이 없음을 비유적으로 이르는 말이다.

암수가 나뭇가지에 함께 앉아 부리를 맞대고 질리도록 애정 표현을 하는가 하면, 때로는 수놈이 후줄근하게 공중제비를 하거나 먹이를 잡아와 암컷에게 넘겨주며 구애를 하기도 한다. 순백색의 알 3~5개를 며칠에 걸쳐 낳은 후 22~23일 동안 품으며, 새끼는 넉넉잡아 20일 동안 암수가 함께 기르는데 연방

'케엣케엣' '케케켓 케에케켓' '깨깨객객객' 앙칼지게 울어댄다. 주로 나무에서 생활하며 나무 우듬지에 꼿꼿이 앉아 있다가 날아다니는 곤충을 잡아먹곤 하는데, 먹이는 나방, 잠자리, 매미, 딱정벌레, 나비 등이며, 먹이를 잡은 뒤에는 곧바로 제자리로 돌아오는 성질이 있다.

다음은 벨기에 극작가이자 시인, 수필가인 모리스 마테를링크Maurice Maeterlinck가 쓴 아동극 『파랑새L'Oiseau Bleu』의 한 토막이다.

어느 날, 소녀 미틸과 소년 틸틸 남매에게 늙은 요정이 찾아온다. 요정은 아픈 아이의 행복을 위해서 파랑새가 필요하다며 남매에게 다짜고짜로 파랑새를 찾아줄 것을 부탁한다. 요정은 두 사람에게 다이아몬드가 박힌 모자를 건넨다. (……) 그렇게 두 남매는 영혼들과 함께 파랑새를 찾아 떠난다. 추억의 나라에 도착한 남매는 돌아가신 할아버지와 할머니를 만나지만 파랑새는 찾을 수 없었다. 밤의 궁전으로도 가보지만 그곳에도 역시 파랑새는 없었다. 유세만 떨다가 결국 빈손으로 틸레틸레 집에 돌아온 두 사람은 영혼들과 작별인사를 하고 헤어진다. 다음날 아침잠에서 깬 두 사람은 집 안의 새장에 든 새가 바로 파랑새라는 것을 깨닫게 된다. 미틸과 틸틸이 반가운 마음에 새장을 여는 순간, 파랑새는 멀리 날아가 버린다.

둘이서 파랑새를 찾기 위해 헤매지만 집 안 새장에서 파랑새를 찾게 되니, 결국 행복은 가까운 곳에 있다는 말이다.

'파랑새증후군'이라는 말이 있다. 한마디로 현실에 만족하지 못하고 지레 도피하며 이상만 추구하는 병적 증세인데, 결코 내과적 질환은 아니다. 이는 마테를링크의 이야기 속 주인공들이 미래의 행복에만 집착하는 몽상에 뿌리를 둔다. 행복을 상징하는 파랑새가 요즘은 한 직장에 적응·안주하지 못하고 여기저기 옮겨 다니는 직장인을 지칭하기도 한다. 파랑새증후군은 갈등, 욕구불만, 스트레스 등으로 인해 나타나며, 보통 어린 시절을 행복하고 즐겁게 보내고 부모의 과잉보호를 받은 사람에게 어김없이 나타난다. 어른이 되는 것을 두려워하는 '피터팬 증후군'이나 청소년기에 머무르려고 하는 '모라토리엄 인간'과도 일맥상통한다. 이 증후군이 심해지면 우울증이나 불안감으로 꼼짝없이 자살하는 수가 있다. 그러나 어이할거나, 인생은 한갓 꿈인 것을. 마냥 즐길지어다!

파랑새증후군 외에도 현대인들이 겪기 쉬운 정서 질환에 대해 몇 가지 더 살펴보겠다. 먼저 '아도니스 콤플렉스Adonis complex'라는 것이 있다. 그리스 신화에 나오는 아도니스 같은 미소년이 되고 싶은 마음을 말하는데, 현대 사회에서 남성이 외모 때문에 갖는 강박관념, 우울증, 열등감, 욕구불만을 지칭

하는 말로 '남성외모집착증'이라고도 한다. 또 항상 밝은 모습을 보여야 한다는 강박에 사로잡혀 화가 나거나 슬플 때도 무조건 웃는 '스마일마스크 증후군'도 있다. 이 밖에도 '무드셀라 증후군'은 좋은 추억만 기억 속에 남기고 나쁜 추억은 지워버리려는 심리를 말한다. 참고로 무드셀라는 「구약성서」에 나오는 인물로 969세까지 살았다고 하니, 누구나 오래 살려면 낙관적이고 긍정적이어야 할 것이다.

이마에 부은 물이 발뒤꿈치로 내린다

　얼굴의 눈썹 위부터 머리털이 난 바로 아래까지를 이마라고 한다. 표준어로 '이맛전'이라고도 하고, 속되게는 '마빡'이라고도 하며, '앞머리' '전두前頭'라고도 한다. '앞산이마'는 어떤 물체 꼭대기의 앞쪽이 되는 부분을 말하며, 아궁이 앞이나 위에 가로로 걸쳐놓은 크고 긴 돌을 '이맛돌'이라고 한다.

　이마는 이목구비와 더불어 단연 사람의 인상과 용모를 결정짓는 주요 요소이다. 동그랗고 시원해 보이는 이마는 좋은 인상을 주는 반면, 너무 넓거나 좁은 이마, M자 형으로 파인 이마는 답답하거나 차가운 느낌마저 줄 수 있다.

　"이마를 찔러도 피 한 방울 안 나겠다"는 빈틈 없이 야무지거나 몹시 인색함을, "이마에 부은 물이 발뒤꿈치로 내린다"

는 윗사람이 나쁜 짓을 하면 곧 그 영향이 아랫사람에게 미치게 됨을 이르는 말이다. 또 "이마가 땅에 닿다"는 몸을 많이 숙임을, "이마를 마주하다"는 함께 모여 의논함을, "이마에 와 닿다"는 어떤 시기가 매우 가까이 와 있음을 이르는 말이다.

이마의 뒤에는 뒤통수가 있으니, "뒤통수(를) 때리다"는 믿음과 의리를 저버림을, "뒤통수(를) 맞다"는 배신이나 배반을 당함을 이르는 말이다. 또 '박치기'는 이마로 무엇을 세게 받아치는 행동이나 물건을 사고팔 때 현금과 바꾸는 일을 속되게 이르는 말이기도 하다.

손이 그렇듯 얼굴에도 한 사람이 살아온 역사가 각인되어 있다. 이마의 주름살은 '미소가 앉았다 간 자리'요, 백발은 '면류관'이라 했다. 누구나 늙으면 미간眉間에 '천川' 자를 쓰고 가로로 '삼三' 자 호랑이 주름이 생긴다. 그래서 "눈썹 새(미간)에 내 천 자를 누빈다"라고 하는데, 눈썹 사이에 한자 내 천 자를 그린다는 뜻으로, 기분이 언짢아서 눈살을 찌푸리는 모양새를 비유적으로 이르는 말이다. 일례로 평생 운전대를 잡고 산 사람들의 미간에는 '내'가 흐르지만, 밝은 표정의 사람들을 보면 얼굴에 '성공'이 쓰여 있다. 그러니 '일소일소一笑一少 일노일노一怒一老', 속된 말로 인상 긁지 말고 늘 밝게 웃을 것이다.

얼굴은 그 사람의 건강 상태를 가늠하는 잣대로, 건강하면 피부도 고운 법이다. 피부에 주름이 생기는 원인에는 여러 가지가 있지만, 주로 진피眞皮 속 탄력섬유·결합섬유·근육섬유의 퇴화와 위축이 원인이다. 주름은 피부의 노화 현상으로 스무 살쯤부터 나타나기 시작하여 나이를 먹을수록 속속 늘어나며, 유전적 소인도 깊이 작용한다. 대체로 나이가 들면서 피부의 수분을 유지시켜주는 샘 기능이 떨어져 피부가 건조해지고 거칠어지며 탄력이 떨어진다. 주름을 예방하는 방법은 특별히 없다. 강한 자외선을 피하고 비타민 C, E와 같은 항산화 효과가 있는 채소와 과일을 많이 먹으며 수분 섭취를 충분히 해야 한다. 요새는 주름을 없애기 위해 보톡스Botox(보툴리눔 독소 A의 상품명)의 도움을 받기도 하는데, 보톡스는 클로스트리듐 보툴리눔Clostridium botulinum이라는 세균에서 추출한 독소이다. 신경과 근육의 접합 부위에 작용하여 근육을 수축시키는 아세틸콜린 분비를 차단함으로써 근육을 이완시키는 물질로, 주로 눈가나 양미간의 잔주름, 이마의 굵은 주름을 개선하기 위해 사용한다. 하지만 아무리 다림질해도 눈 가리고 아웅일 뿐, 늙어빠져 죽는 것을 누가 어찌 피할쏜가. 세월은 게 눈 감추듯 흐르고 늙음은 흐르는 물 같아서 돌이킬 수 없는 법이니, 마냥 늙음을 곱게 받아들이는 것이 주름을 덜 지게 하는 비법이렷다.

눈썹도 이마에 포함된다고 보고, 눈썹에 얽힌 속담 몇 가지를 적어본다. "눈썹도 까딱하지 않다"고 하면 아주 태연함을, "눈썹 싸움(씨름)을 하다"는 졸음이 오는데 자지 않으려고 애씀을 이르는 말이다. 또 "눈썹만 뽑아도 똥 나오겠다"는 자그마한 괴로움도 도무지 이겨 내지 못하고 쩔쩔맴을, "눈썹에 불이 붙는다"는 뜻밖에 큰 걱정거리가 닥쳐 매우 위급하게 됨을 이르는 말이다. 이 밖에도 "돈이라면 호랑이 눈썹이라도 빼 온다"는 돈이 생기는 일이라면 아무리 어렵고 위험한 일이라도 무릅쓴다는 말이며, "길을 떠나려거든 눈썹도 빼어 놓고 가라"는 먼 길을 갈 때는 아무리 작은 것도 짐이 되고 거추장스럽다는 말이다.

눈썹은 놀람이나 화남, 요염함 등의 감정 표현을 도와주며, 눈썹을 올렸다 내렸다 하면서 의사소통도 한다. 그래서 눈썹 그리기나 눈썹 문신 등 화장하는 방법이 많고도 많다. 눈썹은 눈꺼풀 위의 눈구멍뼈에 활 모양으로 자란 털을 말하는데, 눈썹 활의 길이는 어림잡아 5~6센티미터, 눈썹 털의 길이는 7~11밀리미터 남짓이다. 눈썹의 모양은 인종과 연령에 따라 차이가 나는데, 모양에 따라 기본형, 일자형, 아치형을 비롯해, 각진 눈썹, 올라간 눈썹, 반 토막 눈썹 등이 있다. 실한 솔잎처럼 길고 배좁게 나는 숱진 눈썹이 있는가 하면, 듬성드뭇하게 나는 눈썹도 이따금 있다.

우리 몸의 털은 생장기－퇴행기－휴지기를 반복한다. 머리카락의 생장기가 2∼6년 정도인 데 비해 눈썹은 얼추 4∼8주가 되는 탓에 눈썹의 길이가 머리카락보다 짧다. 눈썹이 활 모양이고 눈썹 털이 난 방향 때문에 이마 위에서 흘러내리는 땀이나 물이 눈으로 직접 들어가지 않고 옆으로 돌아 흐르며, 눈위의 봉곳한 눈구멍뼈도 이를 돕는다. 또 머리비듬이 눈에 드는 것을 막고, 작은 곤충이 눈 근방에 나는 것을 재빨리 알아차린다.

파김치가 되다

"파밭 밟듯"이란 조심스럽게 발을 옮김을, "장님 파밭 들어 가듯"은 어림짐작도 없이 함부로 일을 하여 도리어 어지럽게 만들어놓거나 망쳐버림을, "파김치(가) 되다"란 몹시 지쳐서 기운이 아주 느른하게 됨을 이르는 말이다. 파김치의 파는 보통 말하는 파(대파)가 아닌 '쪽파'로, 김칫거리로 삼아 갓김치와 같이 오래 묵히면 깊은 맛을 느낄 수 있다. 쪽파는 맛이 맵고 진한지라 멸치젓과 고춧가루를 넉넉히 넣어 두고두고 잘 삭혀 먹는다. 여기서 "곯아도 젓국이 좋고 늙어도 영감이 좋다"는 말이 왜 생뚱맞게 떠오르는지 모르겠다.

"검은 머리 파뿌리 되도록"이라거나 "귀밑머리 파뿌리 될 때까지"란 검던 머리가 파뿌리처럼 하얗게 셀 때까지 오래오래

백년해로하라는 말이다. 잔치잡이(주례)가 단골로 쓰는 말인데 필자도 그런 자리에 가면 빼놓지 않는다. 인생의 성쇠가 잠시임을 일러 "백발도 내일모레"라 하고, 세월이 가면 나이를 먹고 늙으니 "가는 세월 오는 백발"이라 한다. 백발이 되는 원인에는 여러 가지가 있는데 주로 갑상선 질환이나 영양결핍, 심한 스트레스, 흡연, 유전적 소인이 관여한다.

파*Allium fistulosum*는 외떡잎식물 백합목 백합과의 여러해살이풀이다. 파 하면 보통 '대파'를 이르는데 '양파' 다음으로 요리에 많이 쓰이는 재료이다. 베어낸 파 줄기에서 다시 새 줄기가 나온 파를 '움파'라 하며, 노지에서 재배하여 잎의 수가 적고 굵기가 가는 파가 '실파'이다. 파의 염색체는 2n=16개이며, 속명 *Allium*은 파, 양파, 마늘과 같은 파속식물을 말하고, 종소명인 *fistulosum*은 속이 비었다는 뜻으로 잎사귀 속이 통 같아서 붙은 이름이다.

파의 원산지는 중국 서부로 추정한다. 우리나라에는 통일신라시대 이후에 들어온 것으로 알려졌으며, 동양에서는 옛날부터 중요한 채소로 재배하고 있으나 서양에서는 거의 재배하지 않는다. 파의 줄기는 비늘줄기(인경)지만 백합, 튤립, 수선화처럼 둥그렇게 발달하지 않았고, 파 대강이에서 약 10센티미터까지를 줄기로 본다. 줄기 밑동은 잎집으로 싸였고 흰빛을 띤다.

6~7월에 원기둥의 꽃줄기 끝에 흰색 꽃이 산형꽃차례로 달린다. 이는 꽃대의 꼭대기 끝에 꽃 여러 개가 우글우글 방사형으로 달린 무한꽃차례의 하나로, 산형화서라고도 한다. 꽃이삭은 처음에는 구형으로 얇은 총포(꽃대의 끝에서 꽃의 밑동을 싸고 있는 비늘 모양의 조각)에 싸이지만 꽃이 피면서 총포가 터진다. 열매는 삭과로 능선이 세 개 있고, 종자는 검은색이며, 번식은 종자나 포기나누기로 한다.

파에는 미네랄과 비타민 등이 많다. 특이한 맛과 향취가 있어 생식하거나 요리에 널리 쓰였으며, 옛날부터 수명을 늘려준다고 믿었다. 뿌리와 비늘줄기를 거담제, 구충제, 이뇨제 등으로 이용하는데, 근래에는 대사 기능이나 내장 기능을 활성화시키고 심장질환을 예방하며 눈을 밝게 하고 감기나 두통을 낫게 한다고 알려졌다. 특히 파에서 나는 자극적인 냄새는 마늘에도 들어 있는 알린allin 물질로, 생선의 비린내나 곰국의 누린내를 없애주며 비타민 B를 활성화시킨다고 알려져 있다.

여기에 쪽파와 양파 이야기를 조금 보탠다. 쪽파는 뭐니뭐니 해도 파전이 제일이다. 초봄의 쪽파가 제일 맛있다 하고, 고춧가루와 젓국만 넣어 만드는 푸새김치(파김치)와, 파를 데쳐 댕기 묶듯 묶거나 엄지손가락 굵기와 길이로 돌돌 감아 초고추장에 찍어 먹는 강회가 이름이 있다. 쇠고기와 다른 채소를 함께 꼬챙이에 끼워 전으로 해먹는 파산적도 맛이 일품이다.

쪽파*Allium ascalonicum*는 지상부의 모양은 파와 흡사하지만 잎은 파보다 가늘고, 영양번식을 하므로 유전적 변이가 작고 품종 분화는 일어나지 않는다. 가을과 봄에 기름기름 죽죽 자라면서 통통한 비늘줄기를 형성하는데, 많을 때는 새끼 비늘줄기 여남은 개를 만들어내며, 덩어리진 비늘줄기를 한 알씩 쪼개 심는다.

서양파라는 뜻인 양파*Allium cepa* 또한 외떡잎식물 백합목 백합과의 두해살이풀로, 서아시아 또는 지중해 연안이 원산지라고 추측한다. 양파는 늘씬하고 미끈하게 둥근 것이 주먹만 하고, 겉에 얇은 막질膜質의 껍질이 있으며, 비늘은 두껍고 층층이 겹쳐 난다. 하얀 양파, 노란 양파, 붉은 양파가 있고, 잎은 속이 빈 원기둥 모양에 짙은 녹색이며, 우리가 먹는 것은 양파의 비늘줄기이다. 요새는 흔해 빠진 게 양파로, 마늘과 진배없다 하여 쓰임새와 소비가 이루 말할 수 없이 늘었다.

여자는 겉 다르고 속 다른 양파 같아 켜켜이 싸인 속마음을 알기가 어렵다고 했던가. 벗기고 또 벗겨도 연거푸 나오는 양파 껍데기(줄기)처럼 알 수 없는 세계가 존재한다는 말이렷다. 어느 시인은 양파를 한 꺼풀씩 까다 보면 머쓱 눈물이 난다 하여 "인생은 딱히 양파와 같다"고도 했다. 흐르는 물이나 촛불을 켜놓고 벗기면 눈물을 흘리지 않아도 될 것을…….

뛰어보았자 부처님 손바닥

　앞서 나온 제3권에서 '손'과 '손가락' 이야기가 일부 있었지만 여기서는 '손바닥'을 집중적으로 들여다볼 참이다. 먼저 '손뼉'이란 손바닥과 손가락을 합친 전체 바닥을 뜻하는데, "손뼉(을) 치다" 하면 어떤 일에 찬성하거나 좋아한다는 말이다. "한 손뼉이 울지 못한다" "한 손으로는 손뼉을 못 친다" "외손뼉이 소리 날까"란 '고장난명'이란 뜻으로, 혼자서는 일을 이루지 못하며 맞서는 사람이 없으면 싸움이 되지 않음을 일컫는 한자성어다. 또한 어떤 일을 할 때 의견이 서로 맞지 않아 일이 성사되지 않을 경우에 "손바닥도 마주쳐야 소리가 나지"라고 한다. '고장난명'과 '독장난명獨掌難鳴'은 같은 뜻이다. 또 '독불장군'과 홀로 선 나무로는 숲을 이루지 못한다는 '독목불성림獨木不成林'

도 비슷한 말이다.

"손바닥(을) 뒤집듯"이라거나 "쉽기가 손바닥 뒤집기다"라는 말은 태도를 갑자기 또는 노골적으로 바꾸기를 아주 쉽게 함이나 일하기를 매우 손쉽게 함을 뜻하는데, '여반장如反掌'이라고도 한다. "손바닥에 장을 지지겠다" "손가락에 장을 지지겠다"란 상대편이 어떤 일을 도저히 할 수 없을 것이라고 장담할 때 하는 말이며, "손바닥에 털 나겠다"는 게을러서 일을 하지 아니함을 이르는 말이다. 이 밖에도 "손바닥으로 하늘 가리기"란 가린다고 가렸으나 가려지지 아니함을, "뛰어보았자 부처님 손바닥"은 도망쳐 봐야 크게 벗어날 수 없음을, "손바닥을 맞추다"는 뜻을 같이함을 이르는 말이다.

누구나 손바닥에 손금이 있다. 손금은 손바닥의 살갗에 줄무늬를 이룬 금을 말하는데, 통속적으로 '수상手相'이라 한다. 팔, 손, 손가락, 손톱 등의 생김새와 장단長短, 살갗 혈색 등과 손바닥에 난 무늬, 즉 장선掌線, 선문線紋, 점, 지문 등을 보고 그 사람의 성격 및 과거와 현재를 판단하고 미래를 예측하여 대비책을 내놓는다 하니 이런 수상술은 믿거나 말거나란 말이 있던데……. 서양에서는 옛날부터 남녀 모두 왼손으로 관상하였으나 우리나라를 비롯한 동양에서는 남자는 왼손, 여자는 오른손을 수상하였다. 장문에 뻗은 생명선, 두뇌선(지능선), 감정선, 운명선을 논하며 돈 벌겠다, 오래 살겠다, 좋은 배우자를 만나겠다 등등의 넋두리(?)를 한다. 그러면 항심恒心 없고 자신감이 덜한 사람들이 남우세스럽게 연연하고 믿으려 드는 것이 인지상정이겠지만, 세상사 복불복이요, 운명은 개척하는 것이다.

다음은 지문 이야기다. 지문은 손가락 끝부분에 있는 곡선 무늬로, 끝마디 바닥면에서 땀구멍 부위가 주변보다 솟아올라 서로 연결되어 밭이랑 모양의 굽은 선을 이룬 것이다. 모든 손가락 끝마디에 퍼져 있는 지문은 원래 꺼끌꺼끌하여 물건을 만지면 그 느낌을 감각신경에 전하여 느끼게 하고(시각장애인은 더욱 발달함), 미끄러지지 않고 물건을 붙잡는 데도 도움을 준다. 고릴라나 침팬지 같은 영장류나 하등한 포유동물(유대류)인 코알라에도 지문이 있다. 사람과 코알라의 지문이 다르지 않은 것은 일종의 수렴진화收斂進化로, 물건을 만지고 꽉 잡아야 하는 것과 지문이 연관되어 있음을 설명하는 예이다.

지문의 종류는 크게 보아 셋으로 나뉘는데, 활처럼 굽은 궁상문弓狀紋, 말발굽 모양의 제상문蹄狀紋, 회오리 꼴의 와상문渦狀紋이 있다. 지문은 평생 변치 않고, 모든 사람이 저마다 다르며, 유전자가 동일한 일란성 쌍둥이라도 서로 모양이 다르다. 통계적으로는 지문이 같은 사람이 나타날 수 있는 확률이 870억 분의 1이라지만, 세계 인구를 70억으로 쳤을 때 실제로 지구상에서 똑같은 지문을 가진 자는 거의 있을 수 없다. 재언하자면 모든 사람이 각각 지문이 다르기 때문에 지문 검사로 범죄수사의 단서를 잡고, 지문을 도장圖章 대용으로 쓰며, 공항 입국장에도 지문을 활용한다.

손가락을 다쳐 지문이 뭉그러져도 새 세포가 나면서 다시 전과 같은 지문이 형성된다. 새삼스럽게 하도 일을 많이 해서 지문이 닳아빠져 주민등록증을 바로 내지 못했던 어머니 생각이 난다. 자식 구실 한번 제대로 못한 것이 뼈에 사무치니, 살아 계신다면 주름투성이 얼굴에 뽀뽀를 해드리겠는데…… 오늘따라 보고 싶어 손등이 찌르르 저려온다.

덧붙여, 손에 관한 익은 말도 조금 보탠다. 일을 힘 안 들이고 쉽사리 해낸 경우를 "손 안 대고 코 풀기"라 하고, "손이 맵다"고 하면 일하는 것이 빈틈 없고 매우 야무짐을 이르는 말이다. 또 씀씀이가 후하고 큰 사람을 "손이 크다"라고 하고, 여자가 힘든 일을 하지 않고 호강하며 편히 살 때 "손에 물 한 방울 묻히지 않고" 산다고들 한다.

사람의 오장육부가 작은 손바닥과 발바닥 안에 들어 있으니, 혈 자리를 누르거나 두드리는 것을 지압이라 한다. 물론 근본적인 치료가 되지는 않지만 지압을 하면 임시변통으로 불편한 부분을 조금은 누그러뜨릴 수 있다. 그 때문에 한껏, 자주 딱딱 손바닥치기나 쓱쓱 비비기를 하는 것이 건강에 좋다.

한편 발바닥에도 족문足紋이 있으니, 이 또한 지문처럼 사람에 따라 와상문, 제상문, 궁상문이 있다. 족문도 지문처럼 유전하므로 친자 감별에 쓰이고, 인류학적 연구 자료가 되며, 신생아의 바꿔치기 예방 대책으로도 쓴다. 그나저나 손바닥으로 일으키는 바람을 무술에서 장풍이라 한다지?

오합지졸

　"까마귀가 검기로 속조차 검을쏘냐"는 겉모양이 허술하고 누추하여도 마음까지 악할 리는 없으므로 사람을 평가할 때 겉만 보고 할 것이 아님을 이르는 말이다. "까마귀가 아저씨 하겠다" "까마귀와 사촌"이라 하면 손발이나 몸에 때가 너무 많아 시꺼멓고 더러움을, "까마귀 날자 배 떨어진다"는 아무 관계없이 한 일이 공교롭게도 관계가 있는 것처럼 의심을 받게 됨을 이르는 말이다. "까마귀 대가리 희거든"이라 하면 기한을 한정할 수 없음을, "까마귀도 내 땅 까마귀라면 반갑다" "내 땅 까마귀는 검어도 귀엽다"는 자기가 오래 정들인 것은 무엇이나 다 좋음을 이르는 말이다. "까마귀밥이 되다"는 거두어줄 사람 없이 죽어 버려짐을, "까마귀 학이 되랴"는 본디 제가 타고난 대로밖에는 아무리 해도 안 됨을 이르는 말이다. 이처럼 까마귀에 관한 속담을 살펴보면 우리 선조들이 까마귀와 얼마나 가까이 지내며 자세히 살폈는지를 알 수 있다.

'새까만 마귀(?)' 까마귀는 중앙아시가 원산지이다. 생존력이 꽤나 강한지라 40여 종이 세계적으로 분포하고, 우리나라에는 4종이 서식한다. 그중 우리나 텃새인 까마귀*Corvus corone orientalis*는 참새목 까마귀과에 속하는데 보통 무리생활을 한다. 몸길이 50센티미터에 날개길이는 32~38센티미터이며, 수컷이 암컷보다 조금 더 크다. 보랏빛 윤기가 나는 검은 깃털로 온몸을 덮었고, 다리, 발, 부리까지도 검은색인데, 부리는 뭉툭하여 짧게 느껴진다. 까마귀처럼 깃털이 검으면 살갗은 희고, 백로나 백곰같이 털이 희면 살가죽은 검어서 햇살을 모으는 데 도움을 준다.

우리나라에는 까마귀 외에도 몸길이가 57센티미터나 되어 무리 중에서 가장 큰 큰부리까마귀*Corvus macrorhynchos*가 텃새로 서식한다. 또 몸길이 33센티미터로 몸피가 가장 작은 갈까마귀 *Corvus monedula*와 몸길이가 47센티미터로 부리가 곧고 뾰족한 떼까마귀*Corvus frugilegus*가 철새로 찾아온다. 여기서 갈까마귀이란 몸집이 작은 까마귀라는 뜻으로, 동·식물명 앞에 갈, 왜, 쇠, 어리, 좀, 좁, 벼룩 등이 붙으면 작다는 뜻이다. 갈대, 왜우렁이, 쇠기러기, 어리연, 좀벌레, 좁쌀, 벼룩잎벌레 등이 그러한 예이다.

까마귀는 2~3월에 사람 발길이 없는 한적하고 높은 산의 큰 나무 꼭대기나 천 길 낭떠러지에 마른가지를 모아 지름 30센티미터에 이르는 접시 꼴의 둥지를 튼다. 갈색 반점이 있는 녹청색 알 서너 개를 낳고 암놈이 18~20일 동안 품는 사이, 수놈은 먹이를 물어다 나르며 새끼를 키운 다음 인가로 내려오기에 새 끼치기 하는 것을 보기가 어렵다. 까마귀는 동물의 시체를 제일 좋아하지만 곤충, 지렁이, 양서류와 포유류도 좋아하며, 다른 새의 알을 훔치기도 하고 사람이 먹다 남은 음식 찌꺼기를 걷어먹기도 한다.

서양이나 일본인들은 까마귀를 길조로 여기지만 우리는 까마귀를 흉조 또는 해조害鳥로 보았다. 전염병이 돌 때 까마귀가 울면 병이 널리 퍼진다 하여 "돌림병에 까마귀 울음"이라 했고, 식전 새벽에 마수걸이로 까마귀 소리를 듣게 되어 몹시 불길한 징조가 보인다는 뜻으로 "식전마수(걸이)에 까마귀 우는 소리"라는 말도 있다. 또 귀에 매우 거슬리는 말을 할 때 "염병에 까마귀 소리를 듣지"라고도 한다. 하지만 우리도 한때는 까마귀를 신성한 동물로 취급한 적이 있다. 태양 안에서 산다는 세 발 달린 상상의 새가 바로 까마귀였는데, '금오金烏' 또는 '삼

족오三足烏'라 하여 힘의 상징으로 여기며 용이나 불사조보다 윗길로 쳤다.

까마귀, 물까치, 까치 따위는 하나같이 지능이 아주 높아 '새 대가리'라는 말은 이들에게 통하지 않는다. 이 새들은 사람 얼굴을 기억할 줄 알고, 기능상으로 포유류의 대뇌피질에 해당하는 조류의 뇌 영역인 니도팔리움nidopallium 부위가 사람이나 침팬지와 비슷하며 긴팔원숭이보다 훨씬 크다. 낯선 사람이 동네 어귀에 나타나면 느닷없이 우는 것을 보고 "아침 까치가 울면 반가운 손님이 온다고 한다"고 했고, "아침 까치 울면 좋은 일이 있고 밤 까마귀 울면 대변大變 있다"는 말도 어느 정도 일리가 있다. 사람 얼굴을 기억해내는 까치와 까마귀가 틀림없이 밤새 죽은 영장(송장) 냄새도 귀신같이 맡았을 테니 말이다.

이들은 도시 생활에도 아주 잘 적응해서 사람들과 어울려 살 줄 안다. 아니나 다를까, 이야기만 들었던 청소부 까마귀들을 일본 동경에서 직접 마주쳤더랬지. 우리 부부가 이른 아침 산책길에 보니 녀석들이 여기저기서 눈치 빠르게 쓰레기 봉지를 뜯어 젖히고 마구 뒤져 먹고 있지 않은가. 일본 까마귀들은 딱딱한 견과 따위를 땅바닥에 떨어뜨려 깨먹기도 하는데, 그래도 깨지지 않는 것은 기차 철로 위나 자동찻길에 던져놓았다가 정지 신호 때 서슴없이 달려가 잽싸게 물어온다고 한다. 영리한 놈들! 그러니 까마귀를 얕봤다가는 큰 코 다친다.

까마귀는 암컷은 3년, 수컷은 5년이면 성적 성숙이 되며, 평균수명은 약 20년이다. 한 해 전에 태어난 까마귀가 계속 어미 곁에 머물면서 먹이를 물고 와 새로 난 동생들 기르는 데 도움을 주니, 직접 어미를 먹이지는 않지만 어려움을 마다 않고 한 몫 거들므로 반포지효反哺之孝를 다하는 거룩한 효조孝鳥라 할 만하다. 말하자면 '까마귀의 은혜 갚음'은 그냥 하는 입에 발린 소리가 아닌 셈이니, 실로 까마귀의 색다른 행동을 꿰뚫어본 조상들의 더할 나위 없는 안목에 감탄할 뿐이다!

맥도 모르고 침통 흔든다

흔히 '맥脈'은 의학 용어로 쓰이는 '맥박' 말고도 '기운이나 힘'을 나타내는 말로 자주 쓴다. 광업이나 풍수지리에서도 '광맥'이나 '산맥' 따위로 지세의 정기가 흐르는 줄기를 뜻하는 말로 썼는데, 옛날 일본인들이 지기地氣를 자르고 맥을 끊기 위해 우리나라 곳곳에 쇠말뚝을 박았던 일화는 유명하다. 또한 '맥'은 사물 따위가 서로 이어져 있는 관계인 '맥락'을 의미하기도 한다. 그래서 "맥도 모르다"는 내막이나 까닭 따위를 알지 못함을 이르는 말이고, "맥을 짚다"는 남의 속셈을 알아봄을 뜻하는 말이다. "맥을 보다"라고 하면 맥박의 빠르고 느림을 살피거나 남의 눈치를 본다는 말이고, "맥을 놓다" "맥이 풀리다"라고 하면 긴장 따위가 풀려 멍하거나 낙심하여 기운이 없다는 말이 된다. "맥도 모르고 침통 흔든다"는 제대로 알지도 못하면서 일을 하려고 달려든다는 말이고, "천하 장군도 먹어야 맥을 춘다"는 북한 속담으로 입맛을 잃어 잘 먹지 못하는 사람은 억지로라도 먹어야 함을 이르는 말이다.

의학에서 쓰는 맥 혹은 맥박은 전반적인 심장 건강과 체력을 가늠하는 척도이다. 그래서 의사는 청진기로 맥을 확인하고, 한의사는 환자의 손목 혈맥을 손가락 끝으로 짚어보니, 이를 '진맥診脈'이라 한다. 일반적으로 손목에서 엄지손가락 쪽에 있는 요골동맥이나 경동맥, 고동맥을 진맥하고, 이를 통해 혈관의 상태나 긴장 정도를 알 수 있다. 맥박은 심장박동으로 말미암아 대동맥으로 유입되는 혈압이 동맥혈관에 주기적인 파동 현상을 일으켜 나타나는 것으로, 최대 혈압만 느껴지며 맥박 수는 삼장박동 수와 일치한다.

일반적으로 성인의 정상 맥박 수는 분당 60~80회이고, 어릴수록 횟수가 많아 신생아는 분당 120~140회나 된다. 동물도 덩치가 크면 클수록 심장박동 횟수가 비례해서 줄어드니, 쥐는 200회, 코끼리는 30회, 대형 고래는 20회 남짓이다. 맥박의 대소는 맥파脈波의 높이를 말하는 것으로, 심장의 활동성이 클수록 동맥으로 혈액을 더 빨리 내보내므로 맥박이 빨라지고 맥파가 높아진다.

최대 혈압일 때는 맥박이 높고, 심근이 약하거나 저혈압일 때는 맥박이 낮다. 맥박이 1분에 100회 이상 빠른 것을 속맥速脈 또는 빈맥頻脈이라 하고, 50회 이하로 느린 것을 지맥遲脈이라 한다. 매우 낮은 심박 증상이 오면 무기력함을 비롯하여 에너지 감소로 피로를 일으킬 수 있으며, 맥박이 일정하지 않는 경우를 부정맥이라 한다.

잎맥 또한 맥의 일종이다. 일례로 단풍나무 잎사귀를 따서 눈에 바싹 대고 잘 들여다보면 사방팔방으로 굵고 가는 맥이 그물처럼 얽혀 있으니, 그것이 잎맥이다. 가을에 갈잎 하나를 물에 오래 담아두면 보드라운 잎살은 썩어버리고 질긴 잎맥 자국만 고루 잘 짜인 섬세한 그물처럼 남는 것을 볼 수 있다. 잎맥은 사람의 혈맥과 다르지 않다. 뿌리에서 올라오는 물과 무기염류는 물관을 타고 올라가고, 잎줄기에서 광합성을 한 산물인 포도당과 녹말 등의 유기물은 체관이 이동 통로이다. 물관과 체관을 합쳐 관다발이라 하며, 다른 말로 유관속이라고도 한다.

잎맥의 횡단면을 보면 위쪽에 물관부가, 아래쪽에 체관부가 있다. 줄기의 관다발은 안쪽에 물관부가, 바깥쪽에 체관부가 있어서 입체적으로 잎의 관다발과 연결되어 있다. 하여 잎맥이란 물과 양분이 지나가는 가느다란 관다발이다. 속씨식물 중

외떡잎식물의 잎맥은 서로 평행하고 촘촘하게 배열된 나란히 맥(평행맥)이고, 쌍떡잎식물은 그물맥(망상맥)이다. 그물맥은 대부분 잎의 중앙에 굵게 나 있는 주맥主脈으로부터 잎의 가장자리를 향해 지맥支脈인 2차맥이 나 있고, 거기에서 여러 갈래로 뻗은 작고 많은 2차 간맥間脈이 있다.

손등에도 혈맥이 있으니, 동맥과 정맥, 모세혈관이 흐른다. 그중에 동맥은 깊은 곳에서 흐르고 모세혈관은 워낙 가늘어서 보이지 않는다. 정맥은 동맥보다 아주 두껍고, 피의 흐름이 매우 느린 탓에 불룩해졌고, 피부 가까이에서 흐르기에 푸르스름한 색을 띠는데, 이는 동맥에 비해 산소가 적게 들었기 때문이 아니다. 동맥이 정맥 자리에서 흐른다고 해도 똑같이 푸른색으로 보인다. 정맥 피는 산소가 적고 노폐물이 많아 생생한 선혈鮮血인 동맥 피에 비해 약간 덜 붉은 적갈색이다. 맹세코 이 세상에 푸른색 피는 없다. 다시 말하면 실제로는 붉으면서도 살갗에 보이는 정맥 혈관의 핏기가 푸르스름하게 보이는 것은 광선과 피, 피부와의 상호작용 때문에 일어나는 복잡한 물리적 현상이다. 피부는 어느 파장의 빛도 많이 흡수하지 않아 늘 흰색인 반면, 혈관 속의 피는 붉은색보다 푸른색을 더 많이 반사하기에 푸르죽죽하게 보인다고 한다. 교과서에서 동맥은 붉은색으로 칠하고 정맥을 푸른색으로 표시한 것은 이해를 돕기 위한 것인데 그것을 보고 실제로도 그럴 것이라고 믿게 되니, 이를 '오개념誤槪念'이라 한다.

이러나저러나 사람이 칠십을 산다면, 맥박이 대략 22억 1천만 번 뛰고 나면 생을 마감한다. 너무 심하게 운동을 하거나 자주 화내고 근심 걱정을 많이 하면 박동 수가 늘어나 정해진 횟수를 빨리 채워 일찍 죽는다는 이론이 있으니 참고할 것이다. 이렇듯 길고도 짧으며 부질없고 미미한 한살이인 것을 다들 천년만년 살 것처럼 아등바등한다. '선생복종善生福終'이라, 단연코 착하게 살다가 곱게 죽으리라.

닭 소 보듯, 소 닭 보듯

닭에 얽힌 속담과 관용어를 살펴보겠다. 일의 이치도 모르고 마구 행동할 때 "초저녁 닭이 운다" 하고, 이익인 줄 알고 한 일이 결국 손해가 되었을 때 "장님이 제 닭 잡아먹었다"라고 한다. 영문도 모르고 낯선 곳으로 끌려와 어리둥절한 사람을 "관청에 잡아다 놓은 닭" 같다 하고, "촌닭이 읍내 닭 눈 빼먹는다"는 어수룩해 보이지만 약삭빠르고 수완 있는 사람의 행동을 일컫는다. 이 밖에도 "닭 물 먹듯"은 내용도 모르고 건성으로 넘김을, "닭 발 그리듯"은 솜씨가 매우 서툴고 어색함을 이르는 말이다. 또 "닭도 홰에서 떨어지는 날이 있다"는 누구나 실수할 수 있음을, "닭의 볏이 될지언정 소의 꼬리는 되지 마라"는 크고 훌륭한 자의 뒤를 쫓기보다 작은 데서 우두머리가 되라는 말이다. "닭 소 보듯, 소 닭 보듯"은 서로 모르는 사이처럼 데면데면 거들떠보지도 않는 상황을 이르는 말이다. 덧붙여, '군계일학群鷄一鶴'이란 '닭의 무리 가운데에서 한 마리의 학'이란 뜻으로, 많은 사람 가운데서 뛰어난 인물을 이르는 말이다. 또 '닭살'이란 닭 껍질같이 오톨도톨한 사람의 살갗으로 '몸소름'을 속되게 이르는 말이니, 나이에 걸맞지 않게 어리광을 피우거나 서로 죽고 못 사는 남녀 커플을 두고 '닭살 커플'이라 한다.

닭의 알에 얽힌 속담도 살펴보겠다. "밑알을 넣어야 알을 내어 먹는다"는 말이 있다. 무슨 일이든 공이나 밑천을 들여야 무언가를 얻을 수 있다는 뜻인데, 여기서 '밑알'이란 암탉이 제자리를 바로 찾아 알을 낳을 수 있도록 미리 닭의 둥지에 넣어두는 달걀을 말한다. 필자의 어린 시절에도 옆집 암탉이 우리 집에 와서 알을 낳는 일이 흔했으니, 어머니도 속이고 모른 척하며 꺼내다 소죽 솥에 삶아 먹곤 했다. 이제 뉘우쳐도 아무 소용없지만 그래도 회개합니다. 아무튼 닭에서 생긴 우리말이 이렇게나 많으니, 닭과 사람이 참으로 오랜 세월을 같이해 왔음을 의미하는 것이렷다.

닭은 닭목 꿩과의 조류로, 미얀마, 말레이시아, 인도 등지를 원산지로 본다. 닭의 원종原種은 야생적색야계野生赤色野鷄

로, 학명은 *Gallus gallus*이고 그 아종이 현재 키우는 닭*Gallus gallus domesticus*이다. 여기서 *domesticus*는 '가축화'란 뜻으로 야계를 길들인 것이다.

몸집이 작고 가벼운 우리 토종닭은 깃털이 반드르르하고 날개가 실하며 길다. 꼬리가 휘어져 있고 제법 길어 초가지붕에도 잘 날아올랐으며, 무엇보다 알을 품고 새끼를 잘 기른다. 볏은 적색 홑볏이고, 가장자리가 톱니처럼 생겼으며, 부리 밑에 수염 모양으로 달려 있는 고기수염은 긴 홍색이다. 귓바퀴 아래쪽에 붙어 있는 귓불은 홍색과 유백색이고, 윗부리 바로 뒤에 콧구멍이 있으며, 눈알 뒤의 귀는 깃털로 덮여 있다.

토종닭은 봄과 가을 동안 100개 미만의 알을 낳으니, 이는 짬만 나면 알을 품어 새끼를 치겠다는 심사다. 알을 품는 본능을 잃어버린 산란계産卵鷄는 1년에 200~250개 이상의 달걀을 낳는다. 육계肉鷄는 성장이 매우 빨라 3개월이면 다 자라는 데 비해서, 토종닭은 원종의 특성을 많이 지닌 셈이다. '뼈가 검은 닭'이란 뜻의 오골계는 깃털, 피부, 고기, 뼈, 볏 등 전신이 모두 검고, 특히 발가락 다섯 개가 특징이다(보통 닭은 세 개). 한마디로 오골계는 멜라닌 색소가 온몸에 침착된 품종이다.

볏의 종류는 보통 여덟 가지로 나뉘는데 가장 흔한 것이 홑볏이고, 그 외에도 장미·호두·딸기 볏 등이 있다. 수탉의 볏은

출세와 부귀공명을 상징하는데, 별것 아닌 것을 비유하여 "닭 벼슬(닭 볏)만도 못한 것이 중 벼슬"이라 한다. 수탉 볏은 암컷보다 멋지고 훨씬 크니 이는 일종의 2차 성징이다. 소리도 거쿨지고 허우대도 헌걸찬 수탉이 아주 멋쟁이다!

옛날 사람들에게 시계 역할을 했던 새벽닭이 울 때를 '달구리'라 한다. 그러나 닭의 입장에서 달구리는 생물학적으로 자기의 존재와 텃세를 알리는 행위였다. 수탉의 울음소리를 분석한 결과 스물네 가지 소리를 낸다고 하는데, 하여튼 동네 수탉들이 서로 한눈팔지 않고 온종일 쉴 새 없이 목을 한껏 빼고 울대가 째지게 돌림노래를 하는 까닭을 알았다. 닭은 밭에서 거방지게 지렁이를 잡고 모이를 주워 먹고 나면 흙이나 모래로 목욕을 한다. 닭이나 새가 사부작사부작 흙을 파헤치고 들어앉아 버르적거리거나, 소나 말이 땅에 뒹굴며 몸을 비비는 것을 토욕土浴이라 하는데, 이는 몸에 빌붙은 기생충을 떨어뜨리자고 그런다.

수탉은 암컷을 차지하기 위해 늘 다른 수놈을 경계하고, 텃세가 겹치는 날에는 생사를 걸고 싸움을 한다. 처음에는 무르춤하다가 어쩔 수 없다 싶으면 슬금슬금 호기만장豪氣萬丈 꺼드럭거리며 몸을 웅크리고 대가리를 끄덕이며 쌈을 시작한다. 가슴팍의 깃털이 흐물흐물 빠지고 찢어진 볏에서 피를 출출 흘

156

리면서 한 놈이 꽁지 빠지게 도망을 칠 때까지 다투니, 그들의 싸움 무기는 예리한 부리와 뾰족한 싸움발톱, 곧 며느리발톱이다. 이 며느리발톱은 수컷에게만 있으며, 다리 뒤쪽으로 돌출한 예리한 돌기로 보통의 발톱과는 다르다. 시골 우리집 수탉도 오랜만에 들른 외지인인 내가 미덥지 않았던지 발로 내 다리를 차며 달려들었다. 고얀 달구새끼 놈, 닭도 사람을 알아본다.

요새는 어미닭에 알을 안기기보다는 대부분 부란기孵卵器에 넣어 인공부화시킨다. 약 21일간을 닭의 온도와 같은 섭씨 37.5도를 유지하고 습도를 적당히 맞춰주면서 공기집이 있는 뭉툭한 곳을 위로 하고 하루 세 번 정도 부화할 때까지 규칙적으로 돌려준다.

"암탉이 울면 집안이 망한다"고 할 만큼 암컷은 조매(여간해서) 크게 울지 않으며, 위험한 상황이거나 주변을 경계해야 할 때만 꽥 소리 지른다. 옛날에는 닭이 초저녁에 울면 재수가 없다고 하고, 밤중에 울면 집안에 나쁜 일이 생긴다고 여겼다. 한창 민주화 투쟁이 일었을 적에 김영삼 씨께서 "닭의 목을 비틀어도 새벽은 온다"고 말해 공감을 얻은 적이 있다. 이렇게 현대사에도 닭이 등장한다.

못된 버섯이 삼월부터 난다

"못된(못 먹는) 버섯이 삼월부터 난다"란 좋지 못한 물건이나 되지 않을 것은 오히려 일찍부터 나돌아다님을 이르는 말이다. "두엄의 버섯 같다"는 생겨난 지 얼마 안 되어서 소리 소문 없이 시들어 없어지는 모양을, "상투가 국수버섯 솟듯"은 상투가 더부룩하게 솟아오르는 국수버섯을 쏙 빼닮았다는 뜻으로, 의기양양하여 지나치게 우쭐거리는 모양을 비꼬아 이르는 말이다. 여기서 국수버섯은 부식물이 많은 숲속에서 나는 백색의 식용버섯인데, 높이 5~12센티미터에 굵기 0.2~0.4센티미터의 조금 구부러진 막대 모양으로 여러 개가 다발을 이루며 서식한다.

한여름 장맛비가 흠씬 내린 뒤 길섶 후미진 곳에 여태 없던

버섯들이 보인다. 밤새 난데없이 작년에도 났던 자리에 수두룩하게 탐스러운 버섯밭을 이루니, 바투 다가가 눈여겨 들여다보면 아연 놀랄 따름이다. '숲의 요정'이란 말이 딱 들어맞는다. 가까이 보면 예쁘고, 오래 보면 사랑스러우며, 어딘가에 소비한 시간과 들인 에너지가 많으면 많을수록 정이 옴팡지게 든다지? 모름지기 오래 머물지 않고 '두엄의 버섯'처럼 한나절 살다가 어이없이 이내 사라져버리니, 그래서 더더욱 아름답고 소중하게 보이는 것이리라. '영고성쇠榮枯盛衰'의 무상함을 버섯에서 보다니…….

어쨌거나 버섯의 홀씨는 어둡고 눅눅한 곳에서 싹을 틔운다. 버섯 갓을 슬쩍 찝쩍여 보면 담배 연기처럼 뿌옇게 공중에 흩날리니 이것이 홀씨다. 이 홀씨에서 가느다란 실이 뻗어 나오는데 이를 팡이실(균사)이라 하고, 접합한 균사가 버섯이 되어

159

어우렁더우렁 떼 지어 올라온다.

버섯은 영양기관인 균사체와 번식기관인 자실체子實體로 크게 나뉜다. 보통 식물에 비하면 균사체는 뿌리와 잎에 해당하고 자실체는 꽃에 해당하며, 균사체는 버섯을 동정(생물의 분류학상 소속이나 명칭을 바르게 정하는 일)하는 데도 쓰이는 홀씨를 만든다.

버섯은 영어로 '머쉬룸mushroom'이라 하며, 균류 중에서 눈으로 식별할 수 있는 크기의 자실체를 형성하는 무리를 총칭한다. 버섯의 생김새는 모두 다르지만, 일반적으로 제일 위에 갓이라고도 부르는 균모菌帽, 아래에 자루(대), 그 아래에 대주머니가 있다. 갓 밑에는 부챗살(아가미)을 닮은 주름살이 줄줄이 곱게 짜개져 있으니, 그 속에 포자를 담뿍담뿍 담는다. 갓은 돔 꼴로 둥그스름하여 두꺼운 흙을 밀고 우뚝 솟아오를 때 흙의 저항을 줄일 수 있다.

버섯은 주로 한국, 중국, 일본, 인도, 유럽에서 식용한다. 우리나라에도 식용버섯이 많지만 다 품격이 달라서, '일一 송이, 이二 능이, 삼三 표고, 사四 석이'로 순서를 매겨놨다. 우리가 먹는 버섯은 곰팡이류인데, '석이'만은 버섯이 아닌 깊은 산골 큰 바위에 붙어사는 지의류地衣類로, 균류와 광합성을 하는 조류藻類가 서로 엉켜 공생하는 잎 모양의 엽상식물이다.

이들 중 내로라는 송이Tricholoma matsutake는 제1권에서 상술하였다. 능이*Sarcodon aspratus*는 담자균류 굴뚝버섯과에 들고, 갓 지름이 5~25센티미터 정도이며, 표면은 거칠고 위로 말린 각진 비늘조각이 가득하다. 가을에 활엽수림 아래에 무리지어 나거나 홀로 발생하며, 독특한 향기가 있어 '향버섯'이라고도 한다. 표고*Lentinula edodes*는 담자균류 주름버섯목 느타리과로, 표면은 다갈색이고 표피는 거북 등처럼 짜개져서 흰 살피가 보이기도 한다. 참나무, 밤나무, 떡갈나무 등 죽은 활엽수에서 발생한 것을 재배해 따먹는다. 사람 피부에서 에르고세테롤*ergosterol*이 자외선을 받아 비타민 D로 바뀌듯이, 표고버섯을 볕살에 두면 자연 에르고스테롤이 비타민 D_2로 바뀐다. 그래서 표고버섯을 볕에서 까들까들 말리는 것이다. 석이*Umbilicaria esculenta*는 석이과 석이속인 지의류의 일종으로 깊은 산속 바위에 붙어 자란다. 지름 3~10센티미터의 넓은 엽상 원형으로 질깃질깃한데, 바위가 마르면 그에 따라서 위쪽으로 구겨지고 마른다.

이 넷 말고도 '십장생도'에도 등장하는 '지초芝草'인 영지버섯도 있다. 영지*Ganoderma lucidum*는 담자균류 구멍장이버섯과의 버섯으로 여름에 참나무를 비롯한 활엽수 뿌리나 밑동에 숨어서 나며, 한국에서는 불로초, 일본에서는 만년버섯, 중국에서는 영지라고 부른다.

버섯의 특징은 풍미와 맛에 있다. 향기의 성분은 렌티오닌

lenthionine, 계피산메틸methyl cinnamate 등이며, 맛은 글루타민, 글루탐산, 알라닌 등의 아미노산이 결정한다. 비타민 B 무리와 무기염류 말고도 식이섬유가 풍부하여 면역 기능 향상과 혈압 조절에 효험이 있다.

옛말 그른 데 없다. 예쁜 버섯에 독 있더라! 독버섯에 든 무스카린muscarine, 무시몰mucimol 등은 신경계는 물론이고, 간이나 콩팥까지 망가뜨린다. 세상에는 1만 4천여 종의 버섯이 있는데 그중 먹을 수 있는 것은 고작 1800여 종에 불과하다 하니 그만큼 독버섯이 흔하다.

무엇보다 버섯(곰팡이)은 지구 생태계에서 세균과 함께 분해자 몫을 톡톡히 한다. 배설물이나 주검을 치우는 것은 주로 세균의 몫이고, 산야의 죽은 풀이나 나무둥치, 삭정이를 썩정이로 삭이는 것은 버섯이 도맡는다. 하여 버섯을 '숲의 청소부'라 한다지? 아무튼 썩은 물질은 모두 거름이 되어 식물의 광합성에 쓰이며 돌고 도는 생태계의 물질순환에 이바지한다.

버섯 하면 서양에서는 트러플, 서양송로Tuber melanosporum를 최고로 친다. 흔히 맛이 좋아 혀를 내두르며 감탄하는 트러플은 자낭균류 서양송로과의 지하에 나는 버섯이다. 주로 프랑스, 이탈리아, 독일 등지의 떡갈나무 숲 땅속 8~30센티미터에 자실체를 형성하기에 맨눈으로 찾기 어려워 특별히 훈련된 동물이 캔다.

문둥이 콧구멍에 박힌
마늘씨도 파먹겠다

　"문둥이 떼쓰듯 한다"는 마구 떼씀을, "문둥이 버들강아지 따먹고 배 앓는 소리 한다"란 무슨 말을 하는지 모르게 입안으로 우물우물 말하는 사람의 행동을 빗댄 말이다. "문둥이 시악 쓰듯 한다"는 시악(악한 성미)을 부린다는 뜻으로 무리하게 자기 주장만 하고 잘난 체 떼를 씀을 이르는 말이고, "문둥이 자지 떼어먹듯"은 남의 것을 무쩍무쩍 떼어먹기만 하고 갚을 줄 모르는 행동을 비꼬는 말이다. 이 밖에도 "문둥이 죽이고 살인당한다"는 대수롭지 않은 일을 저질러놓고 자못 큰 화를 당함을, "문둥이 콧구멍에 박힌 마늘씨도 파먹겠다"는 욕심이 사납고 남의 것을 탐내어 다랍게(인색하게) 구는 사람을 욕하는 말이다.

　경상도에서는 문둥이를 문디라고 한다. '문디 자슥' '문디 가

163

시나' 등의 욕 말이 있는데, 그렇게 심각한 의미가 들지 않고 보통 쓰는 말이다. 가까운 사이에 '문디야' '문디 아이가'라는 식의 호칭과 반가움의 표시에서부터 '문디거치(같이) 됐다' 등으로도 쓴다.

필자가 어릴 적만 해도 문둥이들이 동네 앞 신작로 다리 밑에 걸인들처럼 우글우글 많이들 모여 살았다. 하여 그들이 진치고 있는 다리 곁을 지나칠라치면 친구들을 모아서 호주머니에 돌멩이를 한가득씩 넣고 도끼눈을 하고 수굿이 머리 숙여 누가 먼저랄 것도 없이 냅다 재우쳐 뜀박질했으니, 문둥이가 속담처럼 쥐도 새도 모르게 아이를 잡아먹는다는 말이 떠돌았던 탓이다. 한마디로 문둥이는 사람대접은커녕 무서운 천벌을 받은, 버려진 존재 취급을 받았다. 특히 겨울철에 많이 눈에 띄었으니, 추위에 약해 전국에서 철철이 따뜻한 남쪽으로 내려왔다가 겨울을 나고 나면 다시 전국으로 흩어졌기 때문이다. 이리하여 전국의 문둥이들이 겨울 철새처럼 경상도로 들이모여 도떼기 시장처럼 시끌벅적하였으니, 낮잡아보는 말인 '경상도 문둥이'란 말이 생겨난 것이다.

문둥병의 원래 명칭은 '한센병'으로, *Mycobacterium leprae*와 *M.lepromatosis*라는 나균에 의해 감염되는 법정전염병이다. 노르웨이 학자 한센G.A. Hansen이 1873년에 병원균을 발견하면서 붙인 이름이다. 치료가 불가능했던 예전에는 하늘이 내리는 큰 벌이라 여겨 '천형병天刑病'이라고도 불렸다.

아직 확실한 전염 이유를 모르지만 세균이 콧물이나 침으로 옮긴다고 알려졌으며, 최초로 나타나는 낌새는 눈물이 많이 나오는 것에서 느끼고, 잠복기가 5~20년이나 되며, 뇌나 척수 같은 중추신경이 아닌 말초신경을 공격한다.

그런데 문둥병도 급이 달라서 증상에 따라 다음과 같은 세 가지 형태로 나뉜다. 첫째, 결핵나병tuberculoid leprosy은 전염성이 덜한 경우로, 증상이 나타난 피부 부위는 말초신경이 상하여 무감각 상태가 되기에 촉감, 통각, 온도 감각이 소실되어 외상을 자주 입는다. 네다섯 번째 손가락이 갈퀴처럼 변형되고, 손목, 발목 처짐이 일어나며, 지속적인 외상으로 2차 감염이 발생하면서 진물이 질질 흐르고 결국에는 손가락과 발가락이 떨어져 나가기도 한다. 말도 어눌해지며, 나균이 고환염을 일으킬 경우 무정자증이 되어 불임이 될 수도 있다. 둘째, 나종나병lepromatous leprosy은 아주 심각한 병으로, 전신의 피부에 지름 5밀리미터 이상의 발진이나 좁쌀 크기에서 완두콩 크기까지로 지름 5밀리미터 이하의 구진丘疹이 나타난다. 나균이 코 점막에 침범하면 코 막힘, 출혈 등을 일으키고 연골이 변형되어 안장코가 되며, 안구가 돌출되거나 눈이 감기지 않게 된다.

백내장이나 녹내장으로 실명하며 홍채염이나 각막염을 일으키기도 한다. 셋째, 경계형나병borderline leprosy은 치료하면 결핵나병으로, 치료하지 않으면 나종나병로 변한다.

한센병은 전염성이 강하다고 알려졌지만 실제로는 그렇지 않다. 전체 나환자 중 극히 일부만이 전염원이 되며, 95퍼센트는 한센병에 항체를 갖고 있기 때문에 나균이 체내로 들어오더라도 쉽게 병에 걸리지는 않는다. 약제 투여가 시작된 후에는 결코 전염원이 될 수 없고, 특효약인 디디에스DDS: diamino-diphenyl sulfone가 발명되면서 완치가 가능해져 오늘날에는 일반 피부질환으로 취급한다. 요새는 나균에 효과적인 항생제인 댑손dapsone, 리팜핀rifampin, 클로파지민clofazimine, 람프렌lamprene 등이 흔전만전 있으며, 가벼우면 6개월, 중증이면 1년이면 치료가 가능하다. 근래에는 약을 2~3종 복합적으로 강력하게 투여하는 다중 약물치료를 한다.

처음에는 치료약이 없으니 어찌해볼 재간 없이 오직 격리수용만 했다. 우리나라에서는 1916년에 섬의 모양이 어린 사슴과 비슷하다 하여 이름 붙인 소록도에 '자혜병원'을 설립했는데, 1934년 '소록도 갱생원'으로 이름을 바꾸고 1939년 공사를 완료한 후 전국에 흩어져 있던 나환자들을 모아 격리수용했다.

오염된 물이나 영양가 없는 음식을 먹고 터무니없이 면역력이 떨어졌을 때 쉽게 걸리므로, 환자와의 접촉을 피하고 위생적인 생활에 충분한 영양을 섭취하는 것이 예방법이다. 현재 환자 수는 세계적으로 18만 명에 이르고, 16개국에서만 새로운 환자가 발생해서 인도에 수천 명, 중국에 수백 명, 나머지는 주로 아프리카에 있으며 미국에도 200명의 환자가 있다고 한다.

옛날 사람들이야 시대를 잘못 타고나 얼토당토않게 희생을 당했지만 지금은 겁낼 병이 아니다. 사람의 얼굴을 빡빡 얽게 했던 천연두도 사그라졌고, 세상을 집어삼킬 듯이 창궐하던 에이즈도 잡지 않았는가. 요즘은 '에볼라바이러스'에 전 세계가 신경을 곤두세우고 있지만 그 또한 머잖아 잡힐 것이다. 아무튼 살벌하기 그지없는 병균의 도전과 이를 퇴치하기 위한 사람의 응전, 공격과 방어는 오늘도 계속되고 있다.

개똥참외는 먼저 맡는 이가 임자라

밭에서 절로 나 넌출이 산지사방으로 죽죽 뻗더니만, 참으로 옹골차게 익은 주먹만 한 누런 개똥참외들이 탐스럽게 열렸다. 시험 삼아 한 개를 따 집사람에게 진상하면서도 원래 작고 맛 없는 것으로 알려진 탓에 '저게 맛이 없을 텐데', 마음이 조마조마한다. 그런데 의외로 성주 참외 후손이라 그런지 때깔은 물론이고 맛도 훌륭하다고 아내가 입이 뺑긋, 엄지를 들어준다. 다행이다! 난생처음 텃밭 이랑에서 줍다시피 한 '개똥참외'인지라 걱정을 했건만……. "이랑이 고랑 되고 고랑이 이랑 된다"고 잘살던 사람이 못살게도 되고 못살던 사람이 잘살게도 되는 법, 무엇이나 고정불변하지 않고 부침이 있게 마련이다.

과수마다 유명 산지가 따로 있는 게 신기하지 않은가. 성주 참외, 나주 배, 청평 잣, 경산 대추, 금산 인삼, 의성 마늘 식으로 말이다. 식물이 잘 자라는 데는 마땅히 토질土質이 중요하지만 기후가 받쳐주어야 하니, 우리나라가 점점 아열대기후로 바뀌면서 과수 재배 적지가 북으로 점차 올라온다고 한다. 인물도 나는 곳이 따로 있다 하지 않는가.

비닐하우스 탓에 참외도 계절을 타지 않아 벌써 이른 봄에 참외를 좋아하는 집사람이 한껏 사다 먹고, 퇴비 되라고 밭고랑에 흩뿌려둔 것이 저절로 자라 그렇게 알차게 열렸던 것이다. 참고로 우리 집은 전부터 부엌에서 나오는 음식찌꺼기를 알뜰히 모아 밭에다 버려 거름으로 쓰니, 자연으로 되돌려주는 쓰레기 재활용인 것이지.

나는 참외를 먹어도 야리야리한 속고배기와 씨를 다 파내는데, 집사람은 맛있다 하여 통째로 먹는 버릇이 있다. 사실 참외를 먹고 대변을 보면 씨가 하나도 소화되지 않고 고스란히 나오지 않던가. 기실 과일의 살은 나중에 씨가 싹틀 때 양분이 되어주는 것이 목적이지만, 또 다른 면에서 보면 다른 동물에 먹혀 씨를 멀리 퍼뜨리기 위한 노림수, 꾐이 들어 있기도 하다.

참외 씨는 씹어도 미끈미끈한 것이 잘 씹히지 않고, 센 위산이나 강력한 이자액, 창자액에도 끄덕없이 싱싱하게 머물다가 대변과 함께 나와 열매를 맺으니 그것이 '개똥참외'다. 굳이 따진다면 내 밭에서 딴 참외는 소화관을 지나 똥에 묻어나온 씨에서 나온 열매가 아니니 개똥참외라고 할 순 없으나 그게 그거다. 내가 대학 다닐 때만 해도 시골에선 '똥이 금'으로 대소변은 '황금' 대접을 받았다. 똥을 오지(도기陶器)나 나무로 된 큰 그릇(똥통)인 똥장군에 퍼 넣어 짊어지고 가 밭에 뿌렸으니 말이다. 이제는 화학비료인 금비金肥로 대소변을 대신하지만 말이지.

왜 그랬는지 모르지만, 필자는 평생 수박과 참외 농사를 지어본 적이 없는데 앞으로는 몇 포기씩 심어볼 참이다. 참외는 숨이 턱턱 막히는 여름 과일의 대표로 오래전부터 재배한 전통의 열매채소이다. 포기당 열리는 게 몇 개 되지 않는 수박과 달리 참외는 잘만 키우면 7~8개나 달릴 수 있다. 6월 중순이 되면 줄기가 급성장하고, 아들줄기에서 열매를 맺는 수박과 달리 손자줄기에서 열매를 맺게 해야 한다. 초기에 어미덩굴이 4~5마디로 자라면 줄기를 잘라주고 아들덩굴을 기르면서 15~17마디에서 잘라준다. 그러면 아들덩굴의 잎겨드랑이에서 손자덩굴이 자라게 되니, 이 손자덩굴의 첫째 마디에서 열매가 달린다. 하지만 이건 단지 이론일 뿐이고 참외 농사에도 많은 시행착오가 뒤따른다. '농사는 과학이요, 예술'이라 하지 않는가. "곡식은 주인 발걸음 소리를 듣고 자란다"고 관심을 갖고 잘 가꾸며 보살피는 길이 으뜸이다.

참외가 들어가는 속담 몇 가지를 살펴본다. 먼저 "개똥참외는 먼저 맡는 이가 임자라"는 내동댕이친 임자 없는 물건은 무엇이든 먼저 발견한 사람이 차지하게 마련임을 이르는 말이다. 또 "개똥참외도 가꿀 탓이다"는 북한 속담으로 평범한 사람도 잘 가르치면 훌륭한 인물이 될 수 있다는 말이다. "참외 밭에 들어선 장님"은 필요한 것을 앞에 놓고도 무엇이 무엇인지를 가리지 못하는 사람을, "참외도 까마귀 파먹은 것이 다르다"는 남이 좋다고 욕심 내는 것은 좋은 것이 틀림없음을, "참외를 버리고 호박을 먹는다"는 좋은 것을 버리고 나쁜 것을 골라 가진다는 말이다.

그런데 외 앞에 '참'이 붙었다는 말은 다른 어떤 '외'가 따로 있다는 말이 된다. 아니나 다를까, '참외'는 '물외'라 부르는 오이와 구별하여 이르는 말로, 물외란 물이 많아 붙은 이름이다. 참고로 "오뉴월 장마에 물외 크듯"은 어린아이들이 무럭무럭 자라는 모양을 비유적으로 이르는 말이다.

참외*Cucumis melo var. makuwa*는 박목 박과의 한해살이 덩굴식물로, 원산지는 인도이다. 한국, 일본, 중국에서만 재배하며 다른 나라에서는 거의 먹지 않는다. 열매는 원기둥 모양으로 보통 노란 빛깔로 익으며, 원줄기는 길게 옆으로 뻗어 배꼰 덩굴손을 도르르 말아 꽉 붙잡고 바득바득 기어오른다. 잎은 어긋나고 손바닥 모양으로 얕게 갈라지며, 밑은 심장 모양이고 가장자리에 톱니가 있다. 꽃은 6~7월에 노랗게 피는 양성화이며, 화관은 다섯 장으로 갈라진다.

우리나라에서는 1950년대까지는 성환 참외, 감 참외 등 여러 재래종을 재배하였으나 1960년대부터 은천 참외로 점차 바뀌었다. 요새는 대부분 은천 참외를 재배하는데, 단맛이 강하고 육질도 사각거리는 것이 매우 좋다. "크고 단 참외 없다" 하니 모든 조건을 완벽하게 다 갖추기란 어렵다는 말인데, 실제로도 참외는 잔 것이 한결 맛이 난다고 한다.

소나무가 무성하면
잣나무도 기뻐한다

'송무백열松茂柏悅'이라, "소나무가 무성하면 잣나무도 기뻐한다"고 했다. 소나무와 잣나무는 서로 비슷하게 생겨 흔히 가까운 벗을 일컬으니, 친구나 자기편이 잘되는 것을 좋아함을 이르는 말이다. 비슷한 말로 '혜분난비蕙焚蘭悲'가 있는데, 혜초蕙草가 불에 타면 난초가 슬퍼한다는 뜻으로, 벗의 불행을 슬퍼함을 비유하여 이르는 말이다. 소나무와 잣나무를 아울러 '송백'이라 하니, '송백지조松柏之操'라고 하면 푸르듯 변하지 않는 지조를 뜻하고, '송백지무松柏之茂'라고 하면 언제나 푸른 소나무와 잣나무처럼 오래도록 번영함을 이르는 말이다.

소나무와 별개로 '잣'과 관련된 속담이나 관용어도 많다. 몇 가지 살펴보면, "고추나무에 그네 뛰고 잣 껍데기로 배 만들어

타겠다"는 불가능한 잔꾀를 부림을, "돈피(담비 가죽)에 잣죽도 저 싫으면 그만이다"는 아무리 좋은 일도 당사자가 내키지 않으면 억지로 시킬 수 없음을 이르는 말이다. 또 "진잎죽 먹고 잣죽 트림 한다"는 실상은 보잘것없으면서 훌륭한 체 거드름 피우는 모양새를 비꼬아 이르는 말이다.

잣나무*Pinus koraiensis*는 소나무과에 속하는 상록침엽교목이며, 보통 잣을 '코리안 파인*Korean pine*'이라 부른다. 학명 *Pinus koraiensis*에서 *Pinus*는 '소나무', *koraiensis*는 '한국의' '한국에 많이 나는'이라는 뜻이다. 우리나라를 비롯해 중국, 러시아, 일본에서 자생하는데, 우리 잣나무는 이와 아주 가까운 종인 시베리아 종에 비해 솔방울이 크고 비늘조각 끝이 밖으로 젖혀졌으며 잎이 훨씬 더 길다.

잣나무를 한자어로는 백자목栢子木, 홍송紅松, 신라송新羅松, 해송海松, 오수송五鬚松, 오엽송五葉松 등으로 부르는데, 일반적으로는 백자가 많이 쓰인다. 홍송은 목재가 붉은 빛깔이라 붙은 이름이고, 해송은 중국에서 붙인 이름으로 해는 외국산(한국산)이라는 뜻이다. 신라송은 신라 사신들이 중국에 갈 때마다 숱하게 잣을 가져다가 팔았기 때문에 생긴 이름이며, 오五 자가 들어간 이유는 한 다발에 잎이 다섯 장이기 때문이다.

잣나무는 자웅동주로 높이는 40미터에 달하며, 해발고도

174

1천 미터 이상의 지대에서도 잘 자라는 추위에 강한 나무이다. 나무껍질은 흑갈색이고 얇은 송린(소나무의 겉껍질) 조각이 떨어지며, 잎은 5장씩 뭉쳐난다. 소나무(육송)는 바늘처럼 가늘고 길며 끝이 뾰족한 침엽이 2장씩, 리기다소나무는 3장씩 모여 달리는 반면, 잣나무는 5장씩 모여 나기에 오엽송이라 부른다. 바늘 모양의 잎에는 톱니(거치鋸齒)가 발달하고, 잎은 3~4년간 붙어 있다. 소나무는 2년간 붙어 있어서 올해 것은 여전히 변하지 않는 푸름을 자랑하고 작년 것이 올해 가을에 솔가리가 되어 떨어진다. 그래서 잣나무나 소나무가 늠실늠실 늘 푸름을 이어가는 것이다.

우리나라에는 잣나무, 눈잣나무, 섬잣나무 세 종과 일부러 들여온 스트로브 잣나무가 있다. 스트로브 잣나무*Pinus strobus*는 북아메리카 원산으로, 줄기가 곧고 나무껍질은 회갈색으로 밋밋하며, 가지는 규칙적으로 돌려나고 잣송이와 잣은 우리 것보다 훨씬 작다.

꽃은 암수가 따로 피는 단성화로 5월에 피고, 수꽃 이삭은 새 가지 밑에 달리며 암꽃 이삭은 새 가지 끝에 달린다. 열매는 솔방울보다 더 큰 구과毬果로, 비늘조각 끝이 겉으로 젖혀진다. 구과란 비늘조각이 포개진 원뿔형 솔방울을 말하는데, 솔방울은 길이가 8~17센티미터이고, 비늘이 덜 익을 때는 밀착되어 있으나 익으면 벌어져 열린다. 나무의 나이가 20년이 되어야 열매를 맺으며, 2~3년을 주기로 열매가 많다 적다 하는 해거리를 한다.

한국의 잣 종자는 길이가 14~18밀리미터이며, 솔씨에 붙는 날개는 흔적만 남아 있다. 종자의 외피는 매우 단단하고 내피는 다갈색에 얇은 막질이며, 백색의 배유(배젖)가 그 안에 있다. 잣을 해송자, 백자, 송자, 실백實柏이라고도 하는데, 색은 적갈색이며 모양은 삼각형 또는 달걀형이다.

잣은 향과 맛이 좋아 식용·약용한다. 주성분은 지방산인 피놀산pinolenic acid, 올레인산, 리놀렌산이고, 지방이 74퍼센트, 단백질이 15퍼센트 함유되어 있으며, 자양강장의 효과가 있다 하여 각종 요리에 고명으로 쓴다. 잣죽은 속씨껍질(내종피)을 벗긴 실백잣을 갈아서 쌀가루와 함께 쑨 음식으로, 병후 회복 음식으로 좋다. 음력 정월 열나흗날 밤에는 잣불놀이를 했는데, 내피를 벗긴 잣 열두 개를 각각 바늘이나 솔잎에 꿰어 열두 달을 정해 불을 붙여 점을 쳤으니, 잣의 불빛이 밝은 달은 신수가 좋다고 여겼다.

글을 쓰자면 먼저 대상을 만나 찬찬히 살펴야 한다. 이번에 잣나무를 다루면서 용케도 다람쥐과의 청설모 덕을 많이 봤다. 잣철이면 총에 맞아 죽어나기도 하지만 글쟁이인 나에게는 몹시 고마운 청설모였다. 아름드리 잣나무 밑을 나붓이 엎드려 어슬렁거리다 보면 무더기로 파란 잣 비늘조각이 지천으로 널리고 깔려 있으니, 청설모들이 나무 위에서 덜 익은 잣송이를 어적어적 까먹은 자국이다. 그런데 도사리(다 익지 못한 채로 떨어진 과실) 말고도 녀석들이 가끔 잣송이를 따다가 놓치는 수가 있으니, 득의양양 나무 밑에서 그것을 줍는다. 잣은 솔방울과 달리 가물가물한 나무 꼭대기 우듬지에 떼거리로 집을 지으니, 청솔모 덕이 아니면 내가 무슨 수로 잣을 딴단 말인가. 아무리 긴 바지랑대로도 어림없다.

공짜로 주워온 여남은 알찬 열매를 볕에 말려 헤벌쭉 벌린 비늘조각도 눈 빠지게 일일이 헤아리고, 한 송아리에 든 잣도 꼬박꼬박 샅샅이 이 잡듯이 헤아려봐야 직성이 풀린다. 제일 큰 잣송이 하나에 입추의 여지없이 빽빽이 들어찬 거친 비늘조각 수는 흡사 솔방울처럼 110여 개이다. 그중 아래위 양 끝에 있는 20장 정도를 제하고는 가지런히 밴 비늘 모두가 올망졸망 잣알을 품었으며, 가운데 80개 남짓은 하나같이 씨알을 둘씩 안았고, 나머지 십여 개는 한 개씩이 들어 있다. 하여 의외로 잣송이 하나에 어림잡아 잣이 170여 개 들어 있으니, 원고 쓰고 잣 먹고 마당 쓸고 동전 줍기로다! 씨앗마다 아래 넓적한 쪽에 쏙 들어간 흑갈색의 점이 하나씩 있으니, 그 얇은 껍데기를 뚫고 뿌리가 제일 먼저 내린다.

알다시피 청설모는 겨울에 먹을 잣을 양지바른 곳에 띄엄띄
엄 묻는데, 다 찾아 먹지 못하고 남은 것에서 일부러 심은 듯이
일정한 간격으로 잣나무가 나는 모습을 산길을 걸으며 볼 것이
다. 세상에 공짜 없으니 청설모는 토실한 잣을 먹고 잔뜩 포시
럽게 크면서 씨앗을 온 사방에 퍼뜨려준다. 그야말로 누이 좋
고 매부 좋은 격이라, 나이 든 누이는 매부를 만나 시집을 가니
좋고 장가를 못 간 매부는 누이를 만나 장가를 드니 둘 다 좋지
아니한가!

목젖이 방아를 찧다

목젖은 오직 사람에만 있는 기관으로, 다른 포유류 중에서는 개코원숭이에만 흔적이 남아 있다. 목젖은 목구멍에 붙어 있는 기관이니 먼저 '목구멍'에 관한 속담과 관용어부터 보겠다.

"목구멍 때도 못 씻었다" 하면 자기 양에 차지 못하게 아주 조금 먹었음을, "목구멍에 거미줄 쓴다"는 북한 속담으로 살림이 구차해서 며칠씩 끼니를 때우지 못함을 이르는 말이다. "목구멍에 풀칠하다"는 굶지 않고 겨우 살아감을, "목구멍의 때를 벗긴다"는 오랜만에 좋은 음식을 배부르게 먹음을 이르는 말이다. 또 "목구멍이 포도청"이라 하면 먹고살기 위하여 해서는 안 될 짓까지 함을, "목구멍까지 차오르다"는 분노, 욕망, 충동 따위가 참을 수 없는 지경에 이름을, "목구멍이 크다"는 양이 커서 많이 먹거나 욕심이 매우 많음을 비유적으로 이르는 말이다.

목젖은 입을 크게 벌렸을 때 입 안쪽 천장에서 덜렁거리는 살점을 말한다. 다음은 목젖에 얽힌 속담이다. "목젖 떨어지다" "목젖이 닳다" "목젖이 방아를 찧다"는 너무 먹고 싶어함을, "목젖이 간질간질하다"는 말을 하고 싶어 조바심이 남을 이르는 말이다. 또 "목젖이 내리다"는 감기나 과로 따위로 목젖이 부었음을, "목젖이 타는 것 같다"는 긴장하여 마음을 졸이는 경우를 빗댄 말이다.

목젖을 라틴어로는 '우울라uvula'라 하는데 '작은 포도'라는 뜻이다. 목젖은 원뿔돌기 꼴로 두두룩이 내리 매달려 있으며, 많은 꽈리샘이 있는 결합조직과 근육섬유로 되어 있다. 목젖의 뒤편, 목구멍 입구의 양 옆에 있는 편도는 음식과 공기를 통해 들어오는 해로운 세균을 막는 우리 몸의 1차 방어선이다. 목구멍은 코인두, 입인두, 후두인두 세 부분으로 나뉘는데, 맨 위의 코인두는 코에서 목으로 내려오는 공기가 지나는 길이고, 그 아래의 입인두는 음식과 공기가 함께 지나는 길이며, 이 둘은 후두인두에서 만나 음식은 식도로, 공기는 기도로 나뉘어 든다.

입 안쪽의 천장에 늘어진 돌기인 후두융기를 목젖 또는 '구개수口蓋垂'라 한다. 또 입천장은 목젖을 경계로 구강에 해당하는 경구개와 뒤쪽에 있는 연구개로 구별한다. 목젖은 입천장의 좌우 조직이 하나로 이어지는 태아 발생단계에서 고이 남아 있는 부분인데, 가끔은 양쪽 조직이 밀려들어 달라붙지 못하는 선천성 기형인 '갈라진 목젖'과 입천장이 갈라지는 '입천장 갈림증(구개열)'인 경우도 있다. 윗입술도 서로 붙지 못해 열린 상태로 남으니 흔히 '언청이'라 부르는 증상으로, 의학적으로는 '입술갈림증(순열)'이라 한다. 다시 말하면 얼굴이 만들어지는 임신 4~7주 사이에 함께 발생하는 입술(구순)이나 입천장(구개) 조직이 정상적으로 합쳐지지 못하고 떨어지는 현상이다. 구개열이 순열보다 더 무서운 병이며, 요새는 순열 정도는 성형수술로 감쪽같이 치료할 수 있다.

음식이나 물을 삼킬 때 연구개와 목젖은 코인두를 눌러 물이나 음식이 코로 들어가는 가는 것을 차단한다. 종종 허겁지겁 서둘러 밥을 먹다가 사레가 들려 코로 밥풀이 튀어나오는 경우가 있는데, 이는 목젖이 덜(늦게) 닫혔기 때문이다. 또 물을 삼킬 때 꿀꺽하는 떨림 소리는 반사적으로 목젖이 붙었다 떨어지면서 내는 소리로, 절대 그 소리 없이는 마시거나 넘길 수 없으니 가만히 한번 실험을 해볼 것이다.

목젖은 부수적으로 언어 행위에도 긴요한 작용을 한다. 목이

쉰 허스키한 소리나 깊은 소리를 낼 때 역할을 하며, 인두의 벽과 혀뿌리를 마찰하여 내는 후두음, 즉 목구멍 소리를 내는 데도 관여한다. 불어, 독일어, 포르투갈어의 발음에서 찾아볼 수 있는데, 일부 사람들은 목젖이 코인두를 누르지 못해 공기의 일부가 비강(코 안의 빈 곳)으로 새어들어 콧소리를 하기에 선뜻 'm' 자나 'b' 자 발음을 제대로 하지 못한다.

혀를 아래로 누르는 데 쓰는 의료기구인 설압자舌壓子로 목젖을 눌러보면 반사적으로 구역질이 나니, 이는 목젖에 구멍 뚫기를 하는 고약한 취미가 있는 사람을 힘들게 하는 원인이 된다. 또 목젖에 염증이 생겨 보통 때의 3~5배나 부어오르면 목젖이 혀나 목구멍에 닿아 이물질이 없는데도 있는 것처럼 목이 막히는 느낌이 들어 숨쉬기가 어렵고 말도 못하며 먹는 것도 힘들게 된다.

목젖은 수면 활동과도 관계가 있다. 음주나 피로로 목젖이 연구개, 혀뿌리와 함께 기도를 막으면서 코를 골게 되니, 원래 목젖이 크거나 긴 사람은 백발백중 더 심하게 코를 곤다. 이 때문에 수면무호흡증에 걸리기 마련인데, 수면 중에 일시적으로 호흡이 멈추는 증세로, 한번에 무려 10~30초씩, 한 시간에 20~30번씩 멈추면서 한밤 동안에 잇따라 400번까지 호흡이 멈추기도 한다. 그래서 수면무호흡증이 심한 사람은 목젖을 통째로 잘라버리거나 일부를 제거하기도 한다.

참고로 후두개 이야기를 살짝 덧붙인다. 후두개는 혀뿌리 끝 부분과 후두 입구에 자리한 편평한 이파리처럼 생긴 탄성연골 돌출물로, 후두 입구에서 음식이 후두로 들어가지 않게 막는 한편, 숨을 쉴 때는 얼른 열려서 기관으로 공기가 드나들게 한다. 어쩌다가 이런 반사운동이 제대로 일어나지 않아 침이나 음식이 기도로 새어들면 반사적으로 밀어내는 것도 사례다. 후두개에도 혀에 많은 미뢰(맛봉오리)가 있다.

정리하면 음식이나 침, 물 등이 목구멍으로 넘어가면 목젖과 연두개가 코인두를, 후두개가 후두인두를 꼭 닫고, 음식이 식도로 넘어가고 나면 재빨리 열어서 허파의 공기가 코로 나갈 수 있게 한다. 그러니 음식을 미어터지게 먹으면서 결코 숨을 쉴 수 없다. 목 천장에 달린 목젖 하나에도 이렇게 복잡한 사연이 있으니, 비천한 이내 몸이 이렇게 신비로울 줄이야!

번데기 앞에서 주름잡는다

"번데기 앞에서 주름잡는다"는 "공자 앞에서 문자 쓴다" "관운장 앞에서 대도大刀를 휘두른다"와 비슷한 말로, 그 분야에서 뛰어난 전문가가 눈앞에 있는데 그것도 모르고 잘난 척을 한다는 뜻이다. 아무리 키가 큰 갈대도 대나무 앞에서는 너무 짧다지 않던가.

흔히 "굼벵이 앞에서 주름잡는다"라고 하는데 애먼 소리다. 번데기와 굼벵이를 얼핏 혼동한 것인데, 바로 다음 글에서 '굼벵이'를 논하긴 하겠지만 번데기가 완전변태하는 곤충에서 애벌레 다음에 오는 발생(변태)단계라면, 굼벵이는 매미과의 매미나 풍뎅이, 하늘소 따위의 딱정벌레 무리 애벌레이다. 번데기는 아무것도 먹지 않고 조용히 머물지만, 통통한 굼벵이는 다리가 세 쌍으로 먹이를 찾아 꿈틀거린다.

번데기 하면 누구나 먼저 누에 '뻔데기'를 생각할 것이다. 서양 사람들은 개고기와 함께 번데기는 고유한 한국 음식으로 외국인들에게 익숙하지 않은 음식 중 하나라고 말하는데, 너무 그러지들 마라. 예나 지금이나 외국의 객창客窓에서 향수에 젖을 때면 으레 떠오르는 번데기다. 그리고 알고 보면 우리나라 말고도 번데기를 먹는 나라가 있다. 중국은 번데기를 볶아서, 일본은 설탕 넣은 간장에 삶아 초밥이나 샐러드에 넣어서 먹는다. 또 베트남에서는 꽁뇽con Nhông이라 하여 즐겨 먹는다고 하니, 그 사람들이 고소한 단백질과 지방 덩어리를 먹지 않고 내버려둘 까닭이 없지. 우리나라는 이제 양잠업을 거의 하지 않는지라 명맥을 이어가는 중국에서 번데기도 들여온다고 한다.

어린 시절 전국 방방곡곡 골목마다 "뻔, 뻔, 뻔" 하는 소리가 나면 자다가도 벌떡 일어나, 현금 박치기는 어려운지라 여태 모아둔 빈병이나 쇠줄을 들고 뛰어나갔더랬다. 지게에 엿판을 진 엿장수가 가위소리 절겅대며 골목길을 지나갈 때 뒤따르던 아이들처럼 말이다. 손수레에 실린 김이 무럭무럭 나는 따끈따끈한 번데기 솥에서 한 숟가락 푹 떠서 옜다! 하고 깔때기 종이 봉지에 감칠나게 떠주니, 그 짭조름하고 고소한 냄새가 얼마나 입맛을 돋웠던가. 우스갯소리지만, 번데기 장사는 하루 종일 육성으로 "뻔, 뻔, 뻔"을 외치고 집에 가 잠자면서 밤새 "데기, 데기, 데기" 할 것이라고들 했다.

번데기는 알-유충-번데기-성충의 갖춘탈바꿈(완전변태)하는 곤충류에서만 볼 수 있는 발육단계로, 먹이를 먹지 않고 배설도 하지 않으며, 방어 능력도 없어서 숨어버리거나 야문 보호막인 고치를 뒤집어쓴다. 유충이 탈피하여 번데기가 되는 것을 '용화蛹化', 날개를 달고 성충이 되는 것을 우화羽化라 하며, 이런 일련의 변화는 변태 호르몬인 엑디손ecdysone의 지배를 받는다. 알다시피 메뚜기같이 안갖춘탈바꿈(불완전변태)하는 곤충의 한살이에는 번데기가 없다.

번데기 하면 누가 뭐래도 누에다. 잠업은 이미 5천 년 전에 중국에서 시작했으며 한국과 일본을 거쳐 인도와 서양으로 건너갔다고 한다. 중국의 전설 속 황제 부인 누조嫘祖가 어느 날 뽕나무 밑에서 차를 마시고 있는데 누에 한 마리가 찻잔에 떨어졌고 그 누에를 건져내줬더니만 그녀의 손가락에 실을 감으니, 손가락이 따뜻해지는 것을 느끼고 이에 착안하여 양잠 기술을 가르쳤다는 이야기가 있다.

누에Bombyx mori가 뽑는 명주실은 섬유성 단백질로, 한 가닥이 약 10마이크로미터로 아주 가늘고, 반질반질하게 윤기가 난다. 실 1파운드(0.4킬로그램)를 얻으려면 무려 고치가 2천~3천 개 들고, 고치 하나의 실 길이는 보통 300~900미터이지만 개량종은 1200~1500미터나 된다. 그 가는 실로 '천의무봉天衣無縫'의 비단 옷을 짓는다니!

알에서 깨어난 누에는 보통 네 번 잠을 자고(누에가 탈피하기 전에 뽕잎을 먹지 않고 잠시 쉬는 상태), 20여 일 동안 반드르르한 것이 뒤룩뒤룩 살이 쪄서 5령이 끝날 무렵이면 하얗던 피부색이 노래지고, 살갗이 딱딱해지면서 고치를 짓기 시작하는데, 약 60시간 동안에 2.5그램 정도의 야물고 단단한 타원형의 고치를 완성한다. 누에섶에 오른 누에는 고개를 꼿꼿이 치켜든 채 식음을 전폐하더니만, 드디어 입술에 있는 방적돌기에서 진을 연신 뽑는다(침샘의 침이 순간적으로 굳어 실한 실이 된다). 8자 모양으로 목을 빼고 설레설레 돌려 제 몸뚱이를 거듭 에둘러 얼기설기 감싸니, 고치 속 누에는 드디어 쪼글쪼글 주름이 잡히면서 채 70시간이 안 되어 번데기가 된다. 누에는 번데기가 되기 전까지 실 뽑기를 멈추지 않는다. 죽은 뒤에야 일을 그만두는 것을 '사이후이死而後已'라 하는데, 필자도 죽을 때까지 누에가 비단 실 토하듯 글실을 뽑아야 할 터인데…….

누에 번데기는 몇 주에서 몇 개월간

휴면 상태로 있다가 나방이로 변해 동이 틀 무렵 서둘러 고치 한쪽을 똥그랗게 구멍 내고 나온다. 주행성인 나비는 아침에 우화하고, 야행성인 모기는 저녁이나 밤에 우화한다. 그런데 성충인 누에나방이 고치를 쉽게 뚫고 나오도록 누에가 한쪽을 미리 약하게 실을 짤뿐더러 번데기는 그곳을 녹이기 위해 코쿠나아제cocoonase라는 효소를 분비한다.

나방은 나오자마자 적갈색의 오줌을 깔기니 고치 안에서 참았던 오줌이다. 날개가 있지만 부들부들 떨기만 할 뿐 날지 못하며, 아무것도 마시거나 먹지 않고 하루 종일 짝짓기만 하다가 5일 후에 죽는다. 암컷은 알을 200~500개 낳으며, 이 알을 적당한 온도에 두면 10일 이후 부화하니, 꼬물꼬물 아주 새까만 것이 작은 개미 새끼만 하다. 이렇듯 모든 생명은 풍성한 후손을 남기려 갖은 애를 쓴다. 그래서 이때는 마치 병아리에 싸라기 먹이듯 일부러 보드라운 뽕잎을 송송 썰어준다.

굼벵이도 구르는 재주가 있다

굼벵이는 매미나 딱정벌레의 유충으로, 몸이 짧고 뚱뚱하며 동작이 매우 굼뜨다. 그래서 느린 사물이나 사람의 행동을 굼벵이 걸음에 비유하며 "굼벵이 기듯" 따위로 쓰지 않던가. "굼벵이도 구르는 재주가 있다"란 무능한 사람도 한 가지 재주는 있음을, "굼벵이가 담 벽을 뚫는다"는 북한 속담으로 하는 일에 진척이 없거나 느린 것 같지만 꾸준히 계속해 큰일을 이룸을 이르는 말이다. 또 "굼벵이가 지붕에서 떨어질 때는 생각이 있어 떨어진다"는 굼벵이가 떨어지면 남들은 비웃겠지만 딴에는 매미가 될 뚜렷한 목적이 있음을, "굼벵이도 밟으면 꿈틀한다"는 아무리 미천한 사람이거나 순하고 좋은 사람도 너무 업신여기면 가만있지 않는다는 의미이다. 이 밖에도 "굼벵이도 제 일 하는 날은 열 번 재주를 넘는다"거나 "굼벵이도 제 일을 하려면 한 길은 판다"는 미련한 사람도 제 일이 급하면 무슨 수를 내서든지 해낸다는 말이며, "굼벵이 천장遷葬하듯"은 느린 굼벵이가 무덤을 옮기자면 오래 걸린다는 뜻인데, 어리석은 사람이 일을 지체하며 좀처럼 성사시키지 못함을 비유적으로 이르는 말이다.

한자어로는 굼벵이를 일컬어 '제조蠐螬'라 한다. 하늘소, 사슴벌레, 꽃무지, 장수풍뎅이의 애벌레를 굼벵이라 하는데, 이 굼벵이와 파리 무리의 유충인 구더기는 한통속이다. 굼벵이는 살이 얇은 것이 몸 빛깔이 희거나 황갈색 또는 흑갈색이다. 새끼손가락 반만 한 것이 뒤룩뒤룩 살이 쪄서 몸이 짧고 통통하며, 배 끝은 C자 모양으로 고부라진다. 온몸에 털이 듬성듬성 나기도 하고, 몸의 앞쪽에 나 있는 짧은 다리 세 쌍은 몸통에 비해 형편없이 짧다. 그래서 움직임이 매우 느리고 거의 기지 도 못

하며 단지 꿈틀거릴 뿐이다.

굼벵이는 초가지붕에서는 반쯤 썩은 짚더미를 먹지만 흙 속에서는 농작물을 비롯한 각종 식물의 뿌리를 먹는다. 특히 매미 유충은 버드나무, 단풍나무, 뽕나무 등 여러 나무 뿌리의 진을 빤다. 밭농사를 짓느라 채전(菜蔬밭)을 삽이나 호미로 헤집고 나면 늘 주변에 까치들이 까치걸음으로 발밤발밤 걸으며 어슬렁거리는데, 목을 빼고 이리저리 백방으로 돌아치면서 버르적거리는 굼벵이를 주워 먹는 꼴이 이미 굼벵이 잡기에 이골이 난 듯하다. 논을 갈아도 마찬가지라, 까치들은 사람을 두려워 않고 기어코 떼거리로 모여들어 발밭게 덤빈다. 귀한 단백질이니 먹자고 악착히 따라붙는 것이다.

우리나라 전통문화로 초가집을 빼놓을 수 없다. 나락 타작을 하고 나서 볏짚을 정성스럽게 엮어서 만든 이엉으로 지붕을 곱게 덮는데, 초가지붕을 새 이엉으로 바꾸느라 헌 이엉을 걷어낼라치면 제일 먼저 꼬물꼬물 허연 굼벵이들이 시커멓게 삭은 짚북데기 사이에 득실거린다. 짚 지붕의 굼벵이는 매미와 같은 땅속 굼벵이와 달리 반질반질하고 우윳빛을 띠는데, 바로 '흰점박이꽃무지'의 유충이다.

흰점박이꽃무지*Protaetia brevitarsis seulensis*는 딱정벌레목 꽃무지과에 속하는 대형 풍뎅이다. 몸길이는 약 18~25밀리미터이며,

'웅!' 하는 육중한 날개 소리가 말벌과 비슷하다. 4~10월에 출현하고, 알−애벌레−번데기−어른벌레를 거치는 갖춘탈바꿈을 하며, 등딱지는 구릿빛 광택이 나고 몸색은 푸르스름한 것에서 거무튀튀한 것까지 다양하다. 한국, 일본, 러시아 등지에 분포하며 모든 굼벵이가 다 그렇듯 잡아서 어루만져 보면 찹찹한 것이 미끄덩하면서 말랑말랑하다. 뼈도 없는 놈이 어찌 몸의 형태가 있단 말인가? 몸속의 물이 탄탄하게 모양을 갖추게 하니 이를 물뼈(유체골격)라 한다. 흥분한 남경男莖이나 오줌이 꽉 찬 아이들의 고추가 곧추서는 것도 같은 원리이다.

흰점박이꽃무지는 한여름에 많이 활동하고 참나무, 자두나무, 살구나무, 포도나무나 수박과 참외에 많이 모인다. 알은 썩은 나무에 낳고, 부화한 애벌레는 이 나무를 파먹고 자란다. 시장에서 거래되는 굼벵이의 대부분은 본종의 애벌레로 일부 농가에서 사육한다. 굼벵이는 예부터 한약재로 썼고, 생으로 먹기도 하며 굽거나 볶아먹기도 했는데, 특히 간이 나쁜 사람이 먹으면 좋다 하여 한때는 지붕 떼기로 값을 매기기도 했다. 고인이 된 내 대학 동기 한 사람도 간경화 진단을 받고 굼벵이를 많이도 사서 먹는 것을 보았다. "병은 한 가지, 약은 천 가지"라고 이 사람은 이게 좋다 하고 저 사람 저게 좋다 하니, 어쨌거나 아프면 저만 손해다.

다음은 파리 무리의 애벌레 구더기 이야기다. 구더기 중에는 간장이나 된장에 들끓는 붉은볼기쉬파리*Parasarcophaga crassipalpis*의 유충이 있으니, 이 파리가 된장, 간장 항아리 주위를 맴돌다가 잽싸게 쉬를 슬고 내뺀다. 이들은 염분이 많은 식품을 즐겨 찾으니 특히 해변이나 어촌의 건어물에 많이 모이며, 바닷가 오징어 야적장 등지에서도 많이 볼 수 있다. 또 똥이나 썩은 음식에 쉬(알)를 스는 똥파리 유충 외에도 시체에 날아드는 '사체 곤충'으로 검정파리, 금파리, 쉬파리가 있다. 사체에 처음 파리가 날아와 알을 낳고, 다음에 파리 구더기를 먹으러 딱정벌레가 나타나며, 그다음에 딱정벌레에 알을 낳는 기생벌이나 기생파리가 달려드는데, 이렇게 사체 분해 단계마다 다른 곤충이 나타나므로 이를 역추적하여 시신의 죽은 시간을 추정한다.

"구더기 무서워 장 못 담글까"라는 속담이 있다. 다소 방해되는 것이 있다 해도 마땅히 할 일은 해야 함을 이르는 말이다. 비슷한 속담으로 "가시 무서워 장 못 담그랴" "쉬파리 무서워 장 못 담글까" "장마가 무서워 호박을 못 심겠다" 등이 있으며, 이 밖에도 "구더기 될 놈"이라 하면 매우 둔하고 어리석은 사람을 놀림조로 이르는 말이다.

범이 담배를 피우고
곰이 막걸리를 거르던 때

"막걸리 거르려다 지게미도 못 건진다"라는 속담이 있다. 큰 이익을 보려다가 도리어 손해만 봄을 이르는 말로, 여기서 '지게미'란 모주_{母酒}에 물을 타서 짜내고 남은 찌꺼기를 말한다. 또 "범이 담배를 피우고 곰이 막걸리를 거르던 때"라는 말도 있는데, "호랑이 담배 피울 적"과 같은 속담으로 지금과는 형편이 다른, 아주 까마득한 옛날을 이르는 말이다.

막걸리 하면 천상병이요, 천상병 하면 막걸리다. 하루치의 막걸리와 담배만 있으면 스스로 행복하다고 서슴없이 외쳤던 시인이 천상병 아닌가. 소설가 채만식도 수필 「불가음주 단연불가_{不可飮酒 斷然不可}」에서 막걸리 마시기를 다음과 같이 묘사했다.

뻑뻑억한 막걸리를 큼직한 사발에다가 넘실넘실하게 그득 부은 놈을 처억 들이대고는 벌컥 벌컥 벌컥 한입에 주욱 다 마신다. 그러고는 진흙 묻은 손바닥으로 입을 쓰윽 씻고 나서 풋마늘 대를 보리고추장에 꾹 찍어 입가심을 한다. 등에 착 달라붙은 배가 불끈 솟고 기운도 솟는다.

허허, 군침이 솟는구려! 그나저나 막걸리에도 오덕五德이 있단다. 배를 든든하게 해주는가 하면, 몸을 훈훈하게 덥혀주고, 취기가 심하지 않으며, 기운도 북돋워주고, 속에 묻어뒀던 말을 술술 나오게 해 맺혔던 응어리도 저절로 풀어준다. '취중진언醉中眞言'이라 했던가. 술은 모르는 사람 사이에 걸쇠를 풀어주고 마음에 묻혀 있던 진심을 절로 노출시키며 팽팽했던 넋의 끈을 느슨케 한다. 고인 마음을 흐르게 하고 숨은 얼을 일깨워 되새기게 하며, 가끔은 색色을 매개하기도 한다. 그러니 '술은 가장 부작용이 적은 약'이라고 '약전藥典'에 버젓이 쓰여 있다지 않은가. 그러나 막걸리도 꼴랑꼴랑 마셔 몸을 가누지 못할 만큼 아리딸딸하게 대취하면 까탈을 부린다. 누가 뭐래도 술은 마시는 음식이다.

막걸리는 우리나라를 대표하는 민속주이다. '막'은 '마구' '함부로' '조잡한'이란 뜻이고, '걸이'는 '거른다'는 뜻으로 '마구 걸러내는 술'이라는 의미다. 우윳빛으로 탁하고 걸쭉하면서 텁텁하다고 '탁주濁酒', 농사철에 빼놓을 수 없다고 '농주農酒', 집집마다 담그는 술이라고 '가주家酒', 나라의 대표 술이라고 '국주國酒'라고 했으며, 막걸리를 마시기 시작한 고려시대에는 배꽃이 필 무렵에 담근다 하여 '이화주梨花酒'라고도 불렀다. 아무튼 막걸리는 우리 민족의 혼백이 담겨 있는 거룩한 문화유산이라 하겠다.

발효시킨 후에 용수를 술독인 방구리에 박아 그 속에 고인 청주淸酒를 떠내는데, 진국인 청주를 뜨지 않고 그대로 적당량의 물을 섞어 모주를 체에 받아 버무려 걸러낸 것이 막걸리다. 참고로 여기서 용수란 싸리나 대오리로 만든 둥글고 긴 통으로, 술이나 장을 거르는 데 썼다. 옛날에는 죄수의 얼굴을 보지 못하게 머리에 씌웠으며, 꿀을 채취할 때 벌에 쏘이지 않기 위해 머리에 쓰기도 했다.

막걸리를 걸러 놓아두면 위에는 맑고 누르스름한 액이 뜨고, 바닥에는 뿌연 것이 두툼하게 가라앉으니 이것이 효모다. 알코올 도수는 6~8퍼센트 정도이며, 유산균과 효모뿐만 아니라 비타민 B군(B_1, B_2, B_6, 나이아신, 엽산)과 구연산, 사과산 같은 유기산이 들어 있고, 필수 아미노산도 10여 종 포함돼 있다. 또 단맛을 내기 위해 인공감미료 아스파탐aspartame도 넣는다고 한다.

이러니 시골 우리 뒷집 어른 한 분은 말년에 밥 대신 막걸리와 사탕만 자시고도 너끈히 1년을 넘게 사셨다.

사람은 몸에 탈이 나면 술을 금하는데, 병원균이 덩달아 술을 먹고 세차게 번식하여 병을 덧나게 하기에 그런다. 병균도 즐기는 술! 나이와 술은 잘만 먹으면 그보다 더 좋은 것이 없다는데……

제2권에서 찹쌀이나 멥쌀을 물에 불려 시루에 찐 고두밥(지에밥)을 술의 원료인 술밑(주모酒母)으로 써서 술을 담고, 누룩곰팡이가 녹말을 포도당으로 분해(소화)시키며, 그 포도당을 효모가 알코올 발효를 일으켜 종국엔 술이 된다는 것을 길게 설명하였다. 술(알코올)이란 이렇게 포도당보다 더 간단한 물질(분자)로 잘게 쪼개진 터라 포도당 주사를 맞는 것보다 더 빨리 에너지를 낸다. 그뿐만 아니라 누룩곰팡이가 소화를 다 시켜둔지라 소화효소도 필요 없이 마시기만 하면 술술 흡수되어 미토콘드리아로 들어가 힘을 솟아나게 하니, 이런 활력소가 세상에 어디 있는가. 미국 서부영화의 한 장면에 말에서 떨어져 기절한 사람에게 달려온 친구가 수통(물통)을 뽑아 마시게 하니, 그것은 물이 아닌 옥수수가 주원료인 미국 술 버번 위스키였다.

나무을 옮기고 나면 원뿌리 곁뿌리 다 잃은 거목에 귀한 막걸리를 듬뿍 뿌려준다. 나무더러 알코올을 먹으라는 것이 아니고, 토양 미생물이 막걸리를 먹고 무럭무럭 자라서 마구잡이로 잘려 생채기 나고 곪아 일그러진 뿌리를 낫게 해주자는 뜻이다. '이목지신移木之信' '사목지신徙木之信'은 '나무를 옮기는 믿음'이라는 뜻으로, 중국 진나라 재상 상앙이 나무 옮기기로 백성에게 믿음을 주었다는 데서 유래한 말이다. 모름지기 나라를 다스리는 사람은 백성에게 한 약속을 반드시 지켜야 한다.

미생물은 식물의 뿌리 속과 겉에 붙어 있으며 잎줄기에도 산다. 그래서 토양세균이 식물의 개화 시기를 조절하고, 항생물질을 분비하는 스트렙토미세스streptomycete과科의 방선균放線菌이 잎사귀에 붙어 있어 식물을 보호한다. 또 뿌리 근방에는 다른 흙보다 50퍼센트나 더 많은 토양세균이 득실득실 쬔다. 기름진 흙에는 수많은 미생물이 살아서 불용성 무기영양소를 이온화하고 흡수를 거들어주니, 미생물이 없거나 적은 흙에는 식물이 자라지 못한다. 결국 밭에 준 퇴비는 곡식만이 아니라 토양미생물의 배양용이기도 하다!

술과 친구는 묵은 게 좋다고 했던가. 둘러치고 메쳐 우긋우긋 우그러진 주전자에 철철 넘치게 담은 막걸리를 한 사발씩 따라 돌려 마시던 애수 어린 대학 시절은 정녕 다시 오지 않는다는 말인가. 다 부질없는 소리다. 거스를 수 없는 나이와 벌로 (건성으로) 산 세월을 탓하여 무엇하리오.

말 타면 경마 잡히고 싶다

제2권에서 말(馬)을 다루긴 했지만 빠진 것이 많아 여기서 좀 더 보완하겠다. 말에 깃든 속담이나 관용구를 보면 말의 특성이나 생태, 생리는 물론, 우리 조상의 삶과 문화에 세밀하고 과학적인 관찰력까지 발견할 수 있다.

"말을 바꾸어 타다"는 사람이나 일 따위를 바꾼다는 말이며, "말 갈 데 소 간다" "말 갈 데 소 갈 데 다 다녔다"는 이곳저곳 가리지 않고 온갖 곳을 다 다녔다는 뜻이다. 또 "말 밑으로 빠진 것은 다 망아지다"는 근본은 절대 변하지 않는다는 말이며, "말살에 쇠뼈다귀"는 피차간에 아무 관련성이 없음을, "말 약 먹듯"은 무엇을 억지로 먹음을 이르는 말이다. 이 밖에도 "말 죽은 밭에 까마귀같이"란 까맣게 모여 어지럽게 떠드는 모양을, "말 타면 경마(말고삐) 잡히고 싶다" "말 타면 종 두고 싶다"
는 사람의 욕심이 한도 끝도 없음을 강조하여 이르는 말이다.

어린 말이나 갓난쟁이를 철없이 덤벙거리는 천둥벌거숭이
'망아지'라 부른다. 보기는 보았으나 무엇을 보았는지 모를 때
"하룻망아지 서울 다녀오듯" 한다 하고, 여럿 속에 끼어 덩달
아 엄벙덤벙 얼간이처럼 지내는 이를 "뗏말에 망아지"라 한다.
교양 없고 막돼먹은 사람이나 그런 사람의 거친 행동을 "놓아
먹인 망아지" 같다 하며, "생마生馬 갈기 외로 길지 바로 길지"
는 사람이 자라서 어떻게 변할지 도무지 가늠할 수 없음을 비
유적으로 이르는 말이다.

말에 얽힌 사연 몇 가지를 살펴보자. 서울에 '피마골'이라
는 골목이 있다. 지금은 개발로 다 사라지고 일부만 남은 종로
1가·종로3가·서린동에 걸친 마을인데, 옛날에는 큰길을 가다
가 고관이 가마나 말을 타고 행차하면 골목으로 피해 다녔다는
데서 유래한 이름이다. 어쨌거나 대학 때 빈대떡과 낙지 요리
에 막걸리를 마시면서 낭만을 즐겼던 골목이니, 아 옛날이여!

한편, 사람의 이소골(귓속뼈)은 망치뼈, 등자뼈, 모루뼈로 이
루어져 있다. '망치뼈'는 망치를 닮았고, '등자뼈'는 말을 탈 때
쓰는 발걸이 등자鐙子를 닮았으며, '모루뼈'는 대장간에서 불린
쇠를 올려놓고 두드릴 때 받침으로 쓰는 쇳덩이 모루를 닮았다

하여 붙은 이름이다.

말은 '십이지十二支' 가운데 일곱 번째인 '오午'이다. 이십사 방위의 하나를 '오방午方', '십이시十二時'의 일곱째 시를 '오시午時'라 하는데, 첫째 시인 '자시子時'는 밤 열한 시부터 오전 한 시까지이고, 오시는 오전 열한 시부터 오후 한 시까지이다. 낮 열두 시를 가리키는 '정오'도 여기에서 유래했다. 참고로 일부 명사나 생물 이름 앞에 붙는 '말' 자는 허우대가 큼을 뜻하니, '말만 한 처녀' '말개미' '말벌' '말거머리' '말전복' 따위로 쓴다.

말Equus ferus caballus은 기제목 말과의 포유류이며, 다른 동물과 달리 발가락이 하나라는 점이 특이하다. 포유류 중에 발굽이 홀수인 말, 코뿔소 등을 기제류라 하고, 발굽이 짝수인 소나 고라니, 노루, 돼지 등을 우제류라 한다. 말의 염색체는 2n=64개이다. 초식성으로 위는 작은 편이며, 섬유소 소화는 맹장에서 일어난다. 앞니가 열두 개, 송곳니가 네 개이며 어금니가 스물네 개이다. 임신 기간은 평균 340(320~370)일이고, 보통 새끼를 한 마리 낳으며, 수명은 25~30년이라 한다.

말은 성마르고 겁이 많아 사소한 자극에도 질려 소스라치게 놀라 '투쟁─도피(도주) 반응'을 보인다. 그래서 위험에 처했다 싶으면 우왕좌왕 않고 눈썹을 휘날리며 일단 들고뛰지만, 새끼가 위험하면 물불을 가리지 않고 주 무기인 뒷발차기로 덤빈다. 말과 소가 들판이나 강물에서 위험한 처지에 놓이면 새끼를 가운데 두고, 말은 머리를 안으로 두고 둥그렇게 진을 치지만 소는 눈을 치뜨고 머리를 밖으로 한 채 둥글게 둘러싼다. 말의 무기는 뒷다리이고 소의 무기는 뿔이기 때문이다.

말은 눈이 얼굴 양측에 있어 사람이나 개, 고양이와 달리 폭넓게 좌우를 살필 수 있다. 귀에는 근육이 열여섯 개 분포해 있고, 귓바퀴는 180도로 자유자재로 움직일 수 있어 머리를 돌리지 않고도 소리를 들을 수 있다. 개만은 못하지만 후각도 매우 발달해 수백 미터 떨어진 암말이나 육식동물의 냄새를 맡을 수 있다. 달리기를 잘하고, 걸음새가 멋진 말굽은 탄력성이 뛰어나 땅에 부딪힐 때 생기는 충격을 흡수할 수 있다.

초식동물이 대개 그러하듯이 말도 무리를 짓는 군집성이 있다. 보통 수말 한 마리가 우두머리가 되어 암말 20~25여 마리를 거느리는데, 두 마리 이상이면 반드시 서열을 정해 사회를 형성한다. 집으로 돌아오는 귀소성이 뛰어나며, 서서 잘 수도 있고 누워서도 잔다.

말의 조상이 지구에 나타난 것은 약 5천만 년 전의 일이다. 그때는 몸집이 개만 했으며, 발가락이 다섯 개였고 달리기는 그다지 잘하지 못했다고 한다. 말의 조상은 에오히푸스*Eohippus*이고, 현대 말의 직접 조상은 에쿠스*Equus*이다. 이후 몸이 점점 커지고 발가락 수는 갈수록 줄어들었으며, 어금니는 갈수록 커지는 등, 복잡하게 차근차근 한 방향으로 변하는 정향진화定向進化를 했다.

옛날에는 사냥의 대상이었으나 가축화한 후에는 밭갈이에 동원되거나 수레를 끄는 등 교통수단으로 이용되었고, 특히 조선시대에는 '파발마'로 자주 썼다. 살코기와 마유(말의 젖)는 식용을 한다. 길쯤하고 굵은 말총은 바이올린이나 비올라, 첼로 같은 현악기의 줄로 쓰며, 우리나라에서는 갓과 망건을 만드는 데도 썼다. 말가죽으로는 구두나 야구공, 야구 글러브, 재킷(반코트)을, 말굽으로는 접착제를 만든다.

"말 죽은 데 체 장수 모이듯"이란 말이 있다. 체 바닥의 그물망으로 쓸 말총을 구하기 위해 말이 죽은 집에 체 장수가 모인다는 뜻인데, 남의 불행은 아랑곳없이 제 이익만 채우려 함을 이르는 말이다. 사람이 지독하고 영악하기로, 죽도록 실컷 부려먹고는 살가죽에 발굽까지 써먹는구나……

불탄 조기 껍질 같다

"불탄 조기 껍질 같다"는 하는 일마다 이루어지지 아니하거나 발전이 없고 점점 오그라들기만 하는 경우를 이르는 말이다. "조깃배에는 못 가리라"는 조깃배에 탄 사람들이 떠들면 조기가 놀라서 달아나므로 시끄러운 사람은 조깃배에 못 간다는 뜻이니, 수다스럽고 말 많은 사람을 꾸짖는 말로 쓰인다.

흔히 조기를 머리에 하얀 돌이 둘 있다 하여 '석수어石首魚'라고 했다. 석수어의 '석'은 물고기의 속귀에 들어 있는 골편(이석耳石)으로, 얇게 잘라 현미경으로 보면 나이테가 있어 물고기의 나이를 판별하는 척도가 되었다. 사람의 기를 돕는 생선이라는 뜻으로 '조기助氣'라고도 했으며, 조기 말린 것을 한자로 '굴비屈非'라고 했는데, 이 굴비에 얽힌 유명한 일화가 있다.

고려 인종 때 "十八子(李)가 임금으로 등극한다"는 소문이 나돌았다. 당시 이자겸은 누이동생이 순종비가 되면서 권세를 잡기 시작해 둘째 딸을 예종비로, 셋째 딸을 인종비로 세워 척신(임금과 성이 다르나 일가인 신하) 정치를 하면서 권세를 잡았다. 1126년 임금을 모해하는 사건이 일어났는데 이자겸은 척준경 등의 배신으로 정권 싸움에서 밀려나 전라도 정주(현재 영광)에 유배되었다. 그곳에서 진공(물건 따위를 상급 관청이나 임금에게 바치는 일)하는 조기에 '정주굴비靜州屈非'라는 네 글자를 써서 인종에게 올렸으니, 무고하게 벌을 받았지만 비굴非屈하지 않게 살고 있다는 것을 알리고 싶었던 것이다. 이때부터 조기 말린 것을 '굴비'라 하게 되었다.

어느 나라나 그 나라 사람들이 즐겨먹는 음식이 있듯이 생선도 그러하다. 중국 사람은 잉어, 일본은 도미, 미국은 연어, 프랑스는 가자미, 덴마크는 대구, 아프리카 사람들은 메기를 가장 좋아한다고 한다. 우리나라 대표 생선은 누가 뭐래도 생일상이나 잔칫상, 제사상에 오르는 조기가 아니겠는가.

조기는 민어과에 속하는 바닷물고기의 총칭이다. 한국과 일본 남부, 동중국해, 대만 등 북서태평양의 터줏고기이며, 참조기, 보구치, 수조기, 부세, 흑조기 등 종류가 다양하다. 이 중에서도 우선 참조기를 대표로 보자.

참조기*Larimichthys polyactis*는 영어로 배가 누르스름하다 하여 '옐로 크로커yellow croaker', 입술이 불그레하다 하여 '레드 립 크로커red lip croaker'라고 한다. 몸길이는 30센티미터 내외이며, 주로 연안 바닥이 모래나 펄로 이루어진 해역에서 서식한다. 산란기는 3~6월이라 대개 4월 22일부터 8월 10일까지가 금어기禁漁期이고, 산란장은 중국 연안과 한국 서해안 일대이다. 새우, 가재 등의 갑각류 유생(동물플랑크톤)이 참조기의 주된 먹이이다.

'황석어黃石魚'라고도 부르는 참조기는 몸이 긴 편에 옆으로 납작하다. 옆줄 비늘 수가 쉰아홉 개이며 꼬리자루가 가늘고 길다. 입이 붉고 등 쪽은 암회색이지만, 배 쪽은 황금색에 가깝다. 옛날에는 흥청망청 잡았으나 지금은 우리는 물론이고 중국과 일본도 남획한 탓에 개체 수가 급감했다. 참조기는 비린내가 덜 하고 살이 푸지며 담백한 맛이 일품이다. 비늘이 은빛이며 살이 탄력 있는 때깔 좋은 놈을 골라 구이, 찜, 조림은 물론이고, 토막 내어 고기 장국에 넣어 맑은장국을 끓여도 시원하다. 또 고추장이나 고춧가루를 풀어 얼큰한 매운탕을 끓여도 좋다.

시중에 많이 나오는 참조기와 수조기, 부세를 구별하기란 쉽지 않다. 참조기는 몸통이 통통하고 머리가 반원이며, 몸빛은

회색을 띤 황금색이고, 무엇보다 입술이 붉고 아가미 안쪽이 까맣다. 큰 것이 30센티미터 정도여서 수조기나 부세에 비해 크기가 작다. 수조기는 아가미 뚜껑이 붉고, 위턱이 아래턱보다 길어서 아래턱을 약간 덮으며, 비늘은 다소 붉은색을 띠고 옆줄 위쪽에 검은색 띠가 있다. 수조기는 다 자란 것이 40센티미터 정도이다. 부세는 참조기보다 훨씬 커서 50센티미터 정도이며, 머리 모양이 삼각형에 아가미 뚜껑이 까맣고, 비늘이 촘촘히 나 있어 매끄럽다.

소금에 약간 절여 통으로 말린 조기를 굴비라 하고, 배를 갈라 넓적하게 펴서 말린 조기를 가조기라 한다. 썩기 쉬운 조기의 아가미를 헤쳐 떼어낸 후 깨끗이 씻어 물기를 뺀 다음, 속에 가득히 소금을 쟁여넣고 항아리에 담아 절인다(곳에 따라서는 소금물로 물간을 하기도 한다). 절인 조기를 꺼내어 채반에 널어 빳빳해질 때까지 말리니, 고급 반찬으로 구이, 찜, 매운탕(찌개) 등으로 이용하며, 그냥 쭉쭉 찢어 먹거나 고추장에 재워두었다가 밑반찬으로 사용하기도 한다.

얼마 전 집사람이 신안 쪽으로 여행을 다녀오는 길에 영광 법성포에서 굴비 한 두름을 사와서 배가 탱글탱글 미어터질 것 같은 '알배기굴비'를 맛있게 먹었다. 참고로 '굴비 한 두름'의 '두름'은 물고기를 짚으로 한 줄에 열 마리씩 두 줄로 엮거나 고사리 따위의 산나물을 열 모숨 정도로 꾸린 것을 말한다. 또 '굴비 한 손'의 '손'은 큰 것 하나와 작은 것 하나를 합한 것을 이르고, '산나물 한 모숨'에서 '모숨'은 길고 가느다란 뭉치가 한 줌 안에 들어올 만큼의 분량을 이른다.

참조기는 이따금씩 '구—구—구—' 소리를 내는 습성이 있다. 빽빽하게 모여 있을 때는 배 위에서도 그 소리가 시끄러울 정도인데, 여름철 개구리 떼와 비슷하다고 한다. 실제로 소리를 내는 어류가 있으니, 다른 큰 물고기에 기겁하여 갈피를 못 잡

고 우르르 쫓기거나 상대방을 겁 줄 때, 또는 자기 있는 곳을 알릴 적에 소리를 낸다. 물고기 부레 양쪽에 달린 특수 근육으로 안쪽에 있는 막을 떨리게 해서 소리를 낸다고 하는데, 그래서 '몹시 성나다'를 속된 말로 "부레가 끓다"라고 한다. 그런가 하면 쥐치나 복어는 입술을 사리물고 이빨을 빠드득빠드득 갈아서 소리를 내기도 한다.

공중에서도 물고기가 소리를 낸다?! 처마 끝에 매달린 물고기가 댕그랑댕그랑 소리를 내니 산사의 풍경風磬이렷다. 수행자들아, 풍경 물고기처럼 눈을 부릅뜨고 열심히 깨우칠 일이다.

소금 먹은 놈이 물켠다

"소금도 곰팡이 난다"거나 "소금도 쉴 때가 있다"는 무슨 일이든 절대 탈이 생기지 않는다고 장담할 수 없음을 이르는 말이다. "소금도 없이 간 내먹다"는 준비나 밑천도 없이 큰 이득을 보려는 심보를, "소금 먹던 이 장 먹으면 조갈燥渴병에 죽는다"는 없이 살던 사람이 돈이 좀 생기면 사치에 빠지기 쉬움을 비꼬는 말이다. 무슨 일이든 반드시 그렇게 된 까닭이 있음을 짐작할 때 "소금 먹은 놈이 물켠다" 하고, 골똘하게 궁리하거나 해결 방도를 찾지 못하여 애쓰는 모양을 "소금 먹은 소 굴우물(아주 깊은 우물) 들여다보듯"이라 한다. 또한 "부뚜막 소금도 집어넣어야 짜다"는 아무리 조건이 좋고 손쉬운 일이라도 힘을 들이지 않으면 안 됨을, "소금으로 장을 담근다 해도 곧이

듣지 않는다"는 아무리 사실대로 말해도 믿지 아니함을 이르는 말이다. 이 밖에도 "소금을 팔러 나섰더니 비가 온다"는 매사에 장애가 생겨 일이 맞아떨어지지 않을 때 쓰는 말이다.

"소금 들고 덤비다"란 말이 있다. 무언가를 부정한 것 대하듯 한다는 뜻인데, 우리나라에 액귀를 쫓을 때 소금을 뿌리는 습관이 있었던 데서 근거한 말이렷다. 예부터 우리나라 사람들은 초상집에 다녀오거나 거지 문둥이가 동냥을 다녀가면 액땜으로 소금을 뿌렸다. 요새도 새 차를 사면 부정 타지 말라고 소금을 뿌리는 사람이 있다지. 또 '아주 찬 방에서 매우 춥게 자다'라는 의미의 관용어로 "소금을 굽다"가 있는데, 이는 옛날 천민들이 바닷가 움막에서 천 날 만날 매운 바람을 맞아가며 가마솥에서 소금을 굽는 고된 일을 하던 데서 유래한 말이다. 이 밖에도 "소금 먹은 푸성귀"란 기가 죽어 후줄근한 사람을 이르는 말이다.

"평양감사보다 소금장수"라거나 "소금장수 사위 보았다"라는 속담을 보면 우리 조상들이 소금을 얼마나 귀하게 여겼는지 짐작할 수 있다. 소금은 여러 나라에서 일찌감치 화폐로 사용했고, 로마에서는 군인이나 관리의 봉급을 소금으로 주었다. 일을 하고 받는 품삯을 영어로 '샐러리salary'라고 하니, 이 말은 '병사에게 주는 소금 돈'이라는 라틴어 '살라리움salárium'에서 유래했다. '솔트$_{salt}$'란 라틴어 'sal'에서 유래했으며, 언어에 따라 독일어 '짤스$_{salz}$', 프랑스어 '셀$_{sel}$', 스페인·포르투갈어 '살$_{sal}$', 이탈리아어 '살레$_{sale}$' 등으로 변형되었다.

소금은 오래전 바닷물이 증발해 생긴 소금덩이가 땅속에 묻힌 암염巖鹽에서 채취하거나, 약 3.5퍼센트의 염분이 든 바닷물을 증발시켜 천일염으로 얻는다(1리터에서 35그램). 소금에서 녹아내린 액체를 간수라 하고, 음식물의 짠 정도인 '소금기'를 '간'이라 하여 '간이 짜다, 싱겁다' 한다. 대통에 넣어 구운 대나무 소금을 죽염이라 하는데, 대나무 통에 천일염을 넣고 가마에서 아홉 번 반복하여 고열로 구워낸다.

설탕은 꿀이나 사카린 등의 대체물이 많지만 소금은 특유한 물질이라 대체재가 없다. 소금의 화학명은 염화나트륨$_{NaCl}$으로, 나트륨과 염소가 일대일로 결합한 결정체이다. 소금은 짠맛 조미료일 뿐만 아니라 식품의 조림(갈무리)에도 꼭 필요한 물질로, 미생물 속보다 밖의 소금 농도가 짙으면 미생물 세포 속물이 빠져나가 죽는다. 옛날 기억이 난다. 사립문에 드는 골목길에 낫자라는 잡초 잡기가 귀찮으면 잡풀에다 통소금을 뿌렸으니, 갈무리와 같은 삼투압 현상을 이용한 것이다.

사람 혈액 속에는 염분이 0.9퍼센트 함유되어 있다. 나트륨 이온은 삼투압 유지에 퍽이나 중요한 구실을 하고, 탄산과 결

213

합하여 중탄산염이 되며, 인산과 결합한 것은 완충 물질로 체액의 산·알칼리의 평형을 유지한다. 또 쓸개즙이나 이자액, 장액 등 알칼리성 소화액의 성분이라 만일 소금 섭취가 부족하면 소화액 분비가 감소하여 소화불량에 걸린다. 또한 나트륨은 식물성 식품에 많은 칼륨 이온과 균형을 유지하고 있고, 칼륨이 아주 많고 나트륨이 매우 적으면 생명이 위태로워지며, 염소 이온은 위액의 염산을 만들어준다. 그러므로 염분이 오랫동안 결핍되면 전신 무력, 권태, 피로가 오고 정신이 불안해지니, 정녕 소금 없이는 살 수가 없다.

땀을 많이 흘려 갑자기 염분을 너무 많이 상실하면 현기증, 의식 혼탁, 탈력 등의 육체적·정신적 기능상실이 온다. 운동선수들이 노상 마시는 포카리스웨트라는 음료수의 주성분이 소금이라는 것은 다 아는 사실이다. 누구나 한번쯤 이마 자락에 소금결정이 버석거리는 경험을 했을 터, 땀에 얼마나 염분이 묻어나오는가는 땀을 흘리고 그늘에서 땀을 말려보면 안다.

나트륨 이온과 칼륨 이온은 신경계의 전기신호(신경전달)에 관여하며, 특히 혈액과 근육에는 더 많이 필요한데 세포 내외 체액의 수분 함량이 균형을 이루게 한다. 이렇게 소금은 생명 유지에 이만저만 중요한 것이 아니기에 단식하는 사람도 자주 소금물을 먹어 몸에 소금기가 고갈되는 것을 예방한다.

체중이 60킬로그램인 사람의 체내에는 나트륨이 얼추 70~80그램 있다고 한다. 자연 식품 중 육류는 소금 함량이 비교적 높은 편이며, 채소류와 과일은 상대적으로 낮은 편이다. 따라서 옛날에도 육류를 먹은 유목민은 소금을 거의 먹지 않았으나 우리처럼 곡류를 주로 먹은 사람들은 소금을 보충해줘야 했으며, 지금도 그 공식은 변함이 없다.

아무튼 소금은 두 얼굴이 있어서, 모자라면 생명이 위태로울 수도 있지만 넘치면 고혈압이나 심장병을 유발한다. 혈중에 염분이 과하면 갈증이 나면서 혈액 농도 조절을 위해 물을 많이 먹게 되어 혈압이 오르는데, 이 때문에 이른바 혈압약 중에는 이뇨를 촉진하여 물을 뽑아내는 것도 있다.

쇠불알 떨어질까 하고
제 장작 지고 다닌다

장작이란 소나무나 참나무 등의 통나무를 톱으로 길쭉하게 잘라서 도끼로 쪼갠 땔나무이다. 옛날 장날에는 장바닥에 나뭇짐이 즐비했으니 불 땔감인 솔가리, 삭정이, 장작단을 한 지게씩 지고 나왔더랬다.

"오뉴월 쇠불알 늘어지듯"이란 무엇이 축 늘어져 있는 모양을 이르는 말인데, 사람이나 소나 더위에 고환의 온도를 내리게 하기 위해 그런다. 암튼 "쇠불알 떨어질까 하고 제 장작 지고 다닌다"는 "쇠불알 떨어질까 봐 숯불 장만하고 기다린다"와 같은 속담으로, 노력도 없이 요행만 바라는 헛된 짓을 비웃는 말이다. 이 밖에도 "친아비 장작 패는 데는 안 가고 의붓아비 떡 치는 데는 간다"는 북한 속담으로, 도와주어야 할 자리는 피하면서도 공짜로 얻어먹을 것이 있는 데는 가는 사람을 비꼬아 이르는 말이다.

'초수목동樵豎牧童' '초동목아樵童牧兒'는 땔나무를 하는 아이와 풀밭에서 가축에 풀을 먹이는 아이를 아울러 이르는 말이다. 모질고 독한 그놈의 가난! 누누이 말하지만 필자는 지지리도 못살아 찰가난에 근근부지한지라 초등학교를 졸업하고 중학교를 가지 못해 뒷산에서 뼈 빠지게 초수목동 생활을 했다. 1년 동안 지게를 졌지만 천만다행으로 20리 길 너머에 있는 면소재지에 중학교가 처음 생겨 공부를 할 수 있었으니, 내 팔자에 배울 운이 있었던 게지……

앞에서 말한 장날 나뭇짐에 얹혀 있는 땔거리 이야기를 조금 더 하겠다. '솔가리'를 '솔갈비'라도 하는데, 소나무 잎이 누렇게 떨어져 쌓이면 대나무 갈고리(갈고랑이)로 싹싹 긁어서 지게 위에 차곡차곡 쌓아 청솔개비로 덧대고 칡이나 새끼로 꽁꽁 묶어지고 내려온다. '낙엽귀근落葉歸根'이라 잎은 떨어져 뿌리로 돌아가니, 갈잎은 어미나무의 뿌리를 덮어 겨울나기를 돕고 이듬해부터는 썩어 거름이 된다. 그런데 우리가 그것을 빡빡 긁어 맨땅바닥을 만들어 놨으니, 산림녹화나 자연보호라는 말은 낯 뜨거워서 차마 못한다.

잎이 넓은 활엽수는 봄에 난 잎을 가을에 죄 떨어뜨리지만,

청솔 같은 침엽수는 올봄에 난 것은 그대로 있고 지나해 난 것 일부와 지지난해 난 것이 떨어지니 그것이 '솔가리'다. 이효석은 수필 「낙엽을 태우며」에서 솔가리 태우는 냄새가 갓 볶아낸 커피 냄새 같다고 했지.

솔가리가 땔나무가 되는 것은 두말할 필요가 없다. 솔솔 타는 것이 화력도 좋은 편이다. 그때는 밑씻개를 모두 짚이나 풀잎으로 하는 판이었으니까 종이도 귀했고, 성냥도 라이터도 물론 없었다. 그럼 밤새 불이 다 꺼지고 부엌 아궁이 속 잿더미에 불덩이만 남았는데 어떻게 불길을 이룬담? 다 방법이 있으니, 마른 솔가리를 싹싹 비벼 불씨를 감싸고 휘휘 팔이 빠지도록 세게 돌리면 드디어 연기를 뿜으며 불꽃이 이니, 솔가리를 불쏘시개로 썼더랬다. 그렇게 불을 꺼뜨리지 않고 대대손손 이어왔으니 이사를 가더라도 불씨를 함께 가져가지 않았던가.

다음은 '삭정이'다. 삭정이는 나무에 붙어 있는 말라 죽은 가지를 이르는데, "삭정이 꺾듯"이라 하면 힘들이지 않고 쉽게 처리할 수 있다는 뜻이다. 비슷한 말로 '늙정이'는 늙은이를 속되게 이르는 말이다. 요새는 소나무 숲에 들어가도 삭정이가 마구 얽혀 있어 동물도 지나갈 길을 찾지 못한다. 삭정이를 숫돌에 매매 갈아서 날이 시퍼렇게 선 낫으로 내리친 다음, 가지런히 똘똘 묶어 산더미처럼 지게에 지고 내려온다. 지게는 짐을 엮어 등에 지는 우리의 고유한 운반 기구로, 가지 돋친 장나무 두 개를 나란히 세우고, 그 사이를 세장(두 짝이 함께 짜여 있도록 가로질러서 박은 나무)으로 맞추고 아래위로 밀삐(지게 끈)를 걸어 만들었다. "지게를 지고 제사를 지내도 상관 말라"는 말은 스스로 알아서 할 것이니 간섭 말라는 뜻으로 "오이를 거꾸로 먹어도 제멋"이란 말과 통한다.

한 지게 해서 매일 오르내릴 테니 눈 감고도 올 수 있는 산길이겠지만 그게 그리 쉽지 않다. 길 따라 좌우로 기우뚱거리며 걸어야 하니 이를 '지게걸음'이라 한다. 한참을 오다가는 언제나 쉬는 자리가 있으니, 지게를 벗어 놓고 작대기로 세운다. 산을 오를 때는 작대기나 낫 머리로 지게 목발을 탁탁 두드리며

홍얼홍얼 노래를 부르지만, 내림길에서는 지게 목발이 땅에 걸려 넘어지기 일쑤다. 벼랑길에서는 지게를 진 채 몇 바퀴 물구나무를 서고 나면 짐은 아예 풍비박산이 되고 이마가 까져 피가 흐른다. 바동거리며 허우적대던 그 모습을 생각만 해도 마음이 싸한 것이 쓴웃음을 억누를 길이 없구나.

이제 장작을 팰 차례다. 산길을 가다가도 군더더기 하나 없이 쭉쭉 뻗은 적송赤松이 눈에 들라치면, 저 놈을 잘라 장작을 팼으면 좋겠다는 생각이 거짓말처럼 화들짝 드니, 육이오전쟁 후 뒷산을 민둥산으로 만든 주인공이 나였다. 톱으로 밑둥치를 잘라 생것을 지게로 나르느라 어깻죽지가 으스러질 정도이니 그래서 "농부가 죽으면 어깨부터 썩는다"고 하는 것이리라.

뒤꼍에 나뭇짐을 부리고 어림잡아 30~40센티미터 안팎으로 짤막짤막하게 토막을 낸다. 나무토막을 모탕에 올려놓고 힘껏 도끼로 내려치는데, 여기서 모탕은 나무를 팰 때 받쳐놓는 아주 큰 나무토막이다. 몸을 쓰지 말고 머리를 쓰라 했으니 장작 하나 패는 데도 요령이 있어야 한다. 나무의 나이테는 남쪽 테가 듬성듬성하고 북쪽 테가 빽빽하다. 그러니 모탕에 나무토막의 남쪽 나이테가 위로 오게끔 놓고 패야 깔끔하게 갈라진다. 쩍! 하고 두 쪽으로 나뉘는 소리에 3년 묵은 체증이 날아가는 기분! 장작 패는 데도 나뭇결을 찾아야 한다는 말씀이다.

나무를 자르고 남은 아랫동아리(그루터기)를 '깨둥구리'라 하는데, 이 그루터기는 두서너 해가 지나면 뿌리가 상해 발로 툭 차기만 해도 홀러덩 빠진다. 이 아랫동아리는 지게로 나를 수가 없고 발채를 얹은 바지게를 써야 하는데, 발채란 짐을 담기 위해 지게에 얹는 소쿠리 모양의 물건으로 커다란 조가비처럼 생겨 폈다 접었다 할 수 있다.

요새야 연탄에서 기름을 거쳐 전기와 가스를 쓰기 때문에 나무를 많이 베지 않아 세계에서 가장 산림녹화를 잘한 나라가 되었지만, 옛날에는 우리도 북한의 독산禿山을 깔보고 나무랄 수 있는 처지가 못 되었지. 모쪼록 어서 북한도 대놓고 땅바닥을 박박 긁고 몰래 벌목하지 않아도 되는 때가 왔으면 싶다.

뻗어 가는 칡도 한이 있다

제2권에서 '칡'과 '등나무'를 서로 비교하여 칡의 특성을 조금 훑어봤기에 여기서는 칡에 대해 좀 더 속속들이 다룰까 한다. "뻗어 가는 칡도 한(끝)이 있다"고 했다. 처음에는 칡이 기세 좋게 번창하지만 그것도 한계가 있으니, 무엇이나 성하는 것도 일정한 정도(분수)가 있음을 이르는 말이다. 또 북한 속담에 "칡 덩굴 뻗을 적 같아서는 강계 위연 초산을 다 덮겠다"는 말이 있다. 한여름 칡덩굴이 칭칭 감아 뻗을 때는 여러 지역(강계, 위연, 초산은 북한 지명)을 다 덮을 것처럼 형세가 대단하다는 뜻으로, 한창 서슬이 오를 때는 굉장한 것 같지만 결과는 그다지 시원 찮거나 보잘것없는 경우를 이르는 말이다. "산돼지는 칡뿌리 를 노나 먹고 집돼지는 구정물을 노나 먹는다" 역시 북한 속담으로 돼지와 같이 욕심 많은 짐승도 먹을 것을 나누니 욕심 사나운 사람을 비꼬아 탓하는 말이다.

초동목수 시절, 산에 오르면 갈빗대가 휘도록 소나무갈비(솔가리)를 갈구리(갈퀴)로 그러모았다. 그런 다음 말라 죽은 삭정이를 울 삼아 솔가리를 가운데 집어넣고 칡덩굴로 나뭇단을 옭아매고 지게로 져 나르다가, 나무하기가 끝나면 낫으로 근방의 칡뿌리를 파내서 되우 거칠고 질기면서도 향긋한 풍미가 나는 뿌리를 꾹꾹 씹어 허기를 때웠으니, 뿌리에 저장된 녹말이 그렇게 달착지근했다. 글을 쓰면서도 그 생각이 퍼뜩 나니 공연히 군침이 입안에 돈다.

어쨌거나 칡덩굴은 성장력이 월등하여 우악살스럽게 얽히고 설켜 덤비며, 내처 주체 못할 정도로 세를 뻗으면 햇빛이 새어들지 못해 아래나무를 일부러 걷어준다. 오죽하면 전신주를 받치는 받침 쇠줄에도 오른쪽 감기로 기어오르기에 중간에 둥그런 판때기를 묶어놓아 넌출(길게 뻗어나가 늘어진 줄기)이 더 감아 오르지 못하게 할 정도로 성가시다. 이렇게 말썽 피우는 칡뿌리를 다 파내는 것이 불가능하여 제초제를 쓰니, 칡뿌리 머리를 잘라내고 자른 부위가 축축하게 젖을 정도로 근사미(글리포세이트 glyphosate)를 묻혀주면 덩굴이 돋지 않는다. 제초제 근사미는 아미노산 합성을 방해하여 식물을 죽이는 맹독한 물질이므로 조심해야 한다. 미국에는 칡이 1876년에 유입되어 흙이 쓸려가는 것을 막거나 흙을 걸게 하는 데 썼다. 거기도 지금 와서는 칡의 해악이 심해져 자르고 파내고 불까지 지르며 디아세칠베루카롤diacetylverrucarol이라는 제초제를 뿌려 죽인다고 하니, 시공을 초월하는 억세고 검질긴 칡이로다.

칡Pueraria lobata은 다년생 콩과식물로, 잎이 떨어지는 넓은잎 덩굴나무이다. 서양에서는 일본 이름인 '쿠주kudzu'라고 부르는데, 일본어로 '칡'이라는 뜻이다. 한국과 중국을 포함한 동아시아가 원산으로, 이웃 나무나 바위에 기대어 덩굴을 감아 20미터 넘게 뻗으며, 우리나라 전역에 표고標高 100~1200미터의 양지바른 산기슭이나 언덕에 주로 자라지만 염분이 많은 바닷가에서도 쉽게 자생한다. 콩과식물은 뿌리혹세균과 공생하기에 박한 땅에서도 잘 사니, 잡식동물인 쥐에 해당하는 거칠고 감사나운 식물로 알아줘야 한다.

잎은 어긋나고 잎자루가 길며, 작은 잎이 세 장씩 달리는 복엽으로 두 장은 아래쪽에 마주나고 한 장은 위쪽에 붙는다. 작은 잎은 길이와 폭이 각각 10~15센티미터이고, 끝이 뾰족한 둥근 마름모꼴로 가장자리가 밋밋하며, 가끔은 언저리가 세 갈래로 얕게 갈라지기도 한다.

꽃은 8월에 적색이 도는 자주색으로 피고, 꽃잎은 다섯 장이다. 열매(콩깍지)는 9~10월에 익으며, 갈색 잔털이 **빽빽한** 길이 4~9센티미터 정도인 납작하고 긴 꼬투리가 열리는 협과로, 깍지 안에는 갈색 씨앗이 3~6개 들어 있다. 서울 답십리 단독주택에 살 적에 품새 좋은 칡을 울에 올려 키웠으니, 새록새록 꽃이 돋아날 무렵이면 온 집 안에 은은한 꿀물 냄새가 진동했고 꿀벌들이 역사하느라 나들이가 무척 바빴다.

칡뿌리는 큰 것은 2미터에 이르고, 무게가 무려 180킬로그램에 달하는 것도 있다 하니, 질긴 생명력을 상징하는 식물이기도 하다. 예전부터 죽, 묵, 국수를 만들어 먹는 구황작물로 칡뿌리(갈근葛根), 새순(갈용葛茸), 꽃(갈화葛花), 씨앗(갈곡葛穀)을 식용·약용했다. 뿌리는 겨울에, 새순은 봄에, 꽃은 여름에, 씨앗은 가을에 채취하여 말렸으며, 특히나 뿌리는 한방에서 감기, 두통, 갈증, 당뇨병, 설사, 이질의 약재로 썼고 삶아서 칡차로 마셨다. 칡즙은 칼슘 흡수를 도와 골다공증을 예방하고, 무엇보다 숙취를 푸는 데 으뜸이다.

뿌리의 녹말은 갈분葛粉이라 하여 녹두가루와 섞어서 국수를 만들었고, 줄기껍질은 칡 섬유로 짠 베인 갈포葛布의 원료로 썼다. 서양 사람들은 줄기로 바구니 세공품을 만들었으며, 일본 사람들은 칡으로 갈병葛餅이라는 떡을 만들어 먹었다. 어느 초식동물이나 다 칡을 잘 먹어서 동물 사료로 썼으며, 어린 잎줄기는 베어다 소에게 먹이고 잎은 따다가 염소나 토끼에게 주었다.

칡뿌리에는 식물성 에스트로겐의 한 종류인 이소플라본isoflavone, 다이드제인daidzein 등이 풍부하게 들어 있어 폐경 후 생기는 안면홍조, 가슴 두근거림, 불면증을 없애는 데 효험이 있다. 서양에서도 널리 에스트로겐 대용으로 쓰이는데, 식물성 에스트로겐이 콩의 30배, 석류의 626배나 들어 있다고 하니, 국경을 뛰어넘는 썩 이름난 식물이 칡이로다!

고름이 살 되랴

"고름이 살 되랴"는 이미 그릇된 일이 다시 잘될 리 없다는 말이다. 또 "종기가 커야 고름이 많다" "허물이 커야 고름이 많다"는 물건이 커야 그 속에 든 것도 많다는 뜻으로, 바탕이나 기본이 든든하지 않으면 생기는 것도 적다는 말이다. "덜 곪은 부스럼에 아니 나는 고름 짜듯"이란 오만상을 찌푸리는 모양을, "남의 눈에서 피 내리면 내 눈에서 고름이 나야 한다"는 남에게 악한 짓을 하면 자기는 그보다 더한 벌을 받게 됨을 비유적으로 이르는 말이다. 이 밖에도 "염통 곪는 줄은 몰라도 손톱 곪는 줄은 안다"란 눈에 보이는 사소한 결함은 알아보아도 보이지 않는 큰 결점은 모른다는 말이다.

백혈구는 혈액세포(피톨) 중 적혈구와 혈소판을 제한 나머지

피톨을 말한다. 혈액을 원심분리하면 위층(혈장)과 아래층(적혈구) 사이에 뿌유스름하고 얇은 '연막軟膜'이 생기니, 이것이 '백혈구(흰피톨)'이다. 전체 피의 1퍼센트를 차지하는 백혈구는 병균처치와 상처치료 및 종양세포나 이물질을 포식하고, 혈관 벽을 빠져나가며, 아메바 닮았고, 화학주성化學走性으로 부스럼이나 상처 난 곳을 찾아간다. 또 이파리 모양의 세포핵이 1개 또는 3~5개 있어 다핵백혈구라 부르고, 크기는 적혈구의 두 배가 넘으며, 혈액 1세제곱밀리미터당 7천여 개가 들어 있다. 수명은 3~4일이며 병균과 전투할 때는 고작 2~3시간을 산다.

백혈구는 탐식세포와 면역세포로 나뉜다. 골수에서 만들어지는 백혈구는 리소좀lysosome 과립이 있는 과립구와 알갱이가 없는 단구로 나뉘며, 전자는 염색성에 따라서 호중구·호산구·호염구로 나뉜다. 그중 백혈구의 62퍼센트를 차지하는 호중구는 세균, 곰팡이, 바이러스 감염에 동원되며, 잡아먹은 병균과 스스로 죽은 시체가 쌓인 것이 고름이다. 호산구는 천식 같은 알레르기 반응에 관여하며, 호염구는 히스타민을 분비하여 혈관을 확장시킨다. 또한 단구는 단핵세포로 호중구와 마찬가지로 살기등등한 병균을 만나는 족족 가차 없이 잡아먹으며, 염증이 난 곳으로 자빠지고 고꾸라지면서 달려가 먹성 좋고 포시러운 대식세포로 탈바꿈한다.

전체 백혈구의 30퍼센트를 차지하는 면역세포인 림프구는 흉선, 지라, 림프샘에서 생성되고, 항체를 생산하는 B 림프구와 면역 반응을 일으키는 T 림프구, 바이러스에 감염된 세포나 암세포 따위를 직접 잡아 죽이는 살상세포 등으로 나뉜다. 면역세포가 굳건해야 암에도 걸리지 않는다는 말씀이니, 면역력이 떨어지면 병에 걸린다는 말의 뜻도 알 만하다.

자, 이제 가시에 찔렸거나 손가락을 베었다 치자. 요란법석, 난리굿이 난다. 먼저 혈액응고 반응으로 구멍을 틀어막고, 딴죽 거는 침입자를 아예 맥 못 추게 발열인자가 열을 바짝 올리며 백혈구를 마구 늘린다. 다친 세포들이 류코탁신leukotaxine을 분비하여 혈관 투과성을 높여주어 호중구와 단구가 모세혈관을 통과해 머뭇거림 없이 전장戰場으로 발에 땀이 나도록 달음질하여 숨어든 놈들을 가뭇없이 처리한다. 호중구들이 하루 이틀 죽도록 닦달하고 고군분투하며 의연히 버티는 동안, 어느새 상처세포에서 보낸 구조 신호를 받은 단구가 들입다 달려오면서 대뜸 전투력이 센 대식세포로 변한다. 원생동물의 아메바를 닮은 먹새 좋은 대식세포의 헛발에 싸잡힌 병원균, 상처세포, 이물질은 리소좀에 든 라이소자임lysozyme 효소에 스르르 녹으니 이른바 식균작용이다. 그러면서 생장호르몬을 비롯한 여러 인자가 실핏줄을 새로 만들고 생딱지를 만들며, 새삼 새살이 차면서 흉터 없이 씻은 듯 상처가 새뜻하게 아문다.

여태 간략하게 말한 백혈구 이야기는 전체의 100분의 1도 채 안 된다. 당차고 오달진 백혈구의 피 말리는 살신성인이 없었다면 어쩔 뻔했나. 멀쩡하게 살아 있는 것만도 기적이다. 쉴 겨를 없이 불량배들을 엄히 단속하느라 애쓰는 우리 몸 지킴이, 백혈구의 하해와 같은 은혜도 모르고 살다니……

덧붙여서, 고름은 염증 부위에 감염된 화농균 때문에 생기는 누런 액체를 가리킨다. 단백질이 풍부한 혈장, 혈구, 지방, 콜레스테롤 등이 든 '농청膿淸'과, 죽은 호중구, 세균, 림프구, 조직세포 등으로 이루어진 '농구膿球'로 나뉜다. 고름이 끈적끈적한 것은 과립 백혈구의 핵에서 나온 물질 때문이며, 가끔 고름이 푸르스름한 것은 백혈구가 생성한 항세균 효소물인 미엘로페록시다제myeloperoxidase의 색소 탓이요, 한참 전투 중이라면 '피고름' 상태이기 때문이다.

염증을 일으키는 화농성세균으로는 포도처럼 알알이 둥근 포상구균Staphylococcus aureus과 사슬처럼 이어진 연쇄구균Streptococcus spp.이 대표적 원인균이다. 이들은 똥글똥글한 구균으로, 여러 효소나 독소를 분비하여 세포막을 파괴하는데, 이 녀석들을 패대기쳐 살해하는 특효약이 항생제 페니실린이다. 우리가 머리에 이고 살아야 할 페니실린은 푸른곰팡이로 불리는 페니실리움 노타툼Penicillium notatum과 페니실리움 크리소게눔Penicillium chrysogenum에서 뽑은 물질로, 학명(속명)의 페니실리움Penicillium에 어원이 있다.

먹새 좋은 대식세포 이야기를 조금 더 보태지 않을 수 없다. 대식세포는 이름처럼 크기가 커서 지름이 보통 백혈구의 두 배인 21마이크로미터에 달한다. 영어로 '매크로파지macrophage'라고 하는데, 이는 그리스어 'makros(크다)'와 'phagein(먹다)'를 합친 말이다. 대식세포는 하등동물에서 고등동물에까지 존재하며, 사이토카인cytokines을 분비하여 다른 백혈구들을 산지사방에서 상처 부위로 불러들이는 일을 한다. 오늘도 거식巨食하는 대식세포 덕에 이토록 마음 놓고 탈 없이 성성하게 지내고 있으니, 고맙다! 불세출의 대식세포야.

병아리 본 솔개

"솔개 까치집 뺏듯"이란 솔개가 만만한 까치를 둥지에서 몰
아내고 그 둥지를 차지하듯 애써서 남의 것을 강제로 빼앗는
경우를 이르는 말이다. 또 "솔개는 매 편"은 모양이나 형편이
엇비슷하고 연관이 있는 것끼리 서로 잘 어울리고 사정을 보
아주며 감싸주기 쉬움을, "솔개도 오래면 꿩을 잡는다"는 어떤
분야에 대하여 전혀 경험이 없는 사람도 그 부문에서 오랫동안
지내면 얼마간의 지식을 얻게 됨을 이르는 말이다. "솔개를 매
로 보았다"는 기껏해야 병아리나 채가는 솔개를 꿩 사냥에 쓰
는 매로 보았다는 뜻으로, 쓸모가 없는 것을 쓸 만한 것으로 잘
못 보았을 때를 이르는 말이며, "솔개가 뜨자 병아리 간 곳 없
다"는 북한 속담로 솔개가 공중에 날자마자 병아리가 모두 숨

어 버리니, 무섭고 힘센 존재가 나타나면 약하고 힘없는 것들은 기를 못 펴고 움츠러들거나 달아나버림을 뜻하는 말이다. 덧붙여, "매를 솔개로 본다"란 잘난 사람을 못난 사람으로 잘못 봄을, "솔개 어물전 돌듯"은 솔개가 생선에 눈독을 들이듯 어떤 것에 재미가 들려 그 자리를 뜨지 못함을, "털 벗은 솔개"란 앙상하고 볼품없음을 빗대 이르는 말이다.

'연비어약鳶飛魚躍'이라는 말이 있다. '연비려천鳶飛戾天 어약우연魚躍于淵'의 준말로 '하늘에 솔개가 날고 물속에 고기가 뛰어 논다'는 뜻이니, 여러 생물들이 자연스럽고 조화롭게 더불어 살아가는 모습을 이르는 말이렷다.

옛날 옛적이란 말이 알맞겠다. 내가 어릴 적만 해도 시골에서는 내남 할 것 없이 봄가을로 암탉에 알을 안겨 병아리를 깨쳤다. 알을 품고 21일이 지나면 둥지에서 병아리를 내려 길들이기를 했으니, 처음에는 어미와 함께 댓조각이나 싸리 나뭇가지로 얽어 엮은 널따란 둥주리에 가두고 부스러진 쌀알을 모이로 흩어준다. 그러다 시간이 지나면 이제 둥주리에서 마당에 내놓으니 '삐악삐악' 시끌벅적 재잘거리며 한가롭게 어미 곁을 떠나지 않고 맴돌기도 하고 '구구' 대는 어미 따라 쪼르르 달려가기도 한다. 그때 불현듯 저만치 머리 위에 솔개가 나타나는 날에는 어미가 '꽤액' 하고 세찬 경고음을 울리니, 새끼들은 식

겁해 허겁지겁 어미 날개 속으로 움츠리고 파고들었다가, 한숨
지나면 오글오글 겨드랑이 사이사이로 고개를 빼꼼히 내밀고
주변을 살피기에 바쁘니 본능이란 참 무섭도다.

솔개*Milvus migrans*는 '소리개'라고도 하는 매목 수리과의 조류이
다. 우리나라에 서식하는 수리과의 새를 모두 여기에 적어보
니, 솔개를 비롯하여 독수리, 검독수리, 항라머리검독수리, 물
수리, 참수리, 흰꼬리수리, 흰죽지수리, 말똥구리, 털발말똥구
리, 조롱이, 새매, 잿빛개구리매, 참매, 왕새매, 붉은새매 등이
다. 이들은 모두 낮에 활발하게 활동하는 주행성 맹금猛禽으로,
사하라 일대와 중국 중부, 양극 지방을 제하고 전 세계적으로
서식한다. 그런데 앞서 소개한 '항라머리검독수리'에서 '항라'
가 붙은 이유가 아리송하다. '항라亢羅'는 본디 흰색의 명주·모
시·무명실 따위로 짠 옷감을 뜻하기 때문이다. 아마도 독수리
의 머리, 목, 날개깃, 꽁지깃에 흰 얼룩점이 드문드문 나 있어

붙인 이름이리라.

솔개의 몸길이는 수컷은 58센티미터, 암컷은 68센티미터로 중형 새이다. 부리와 발톱은 검고, 다리는 노르무레하며, 몸은 흑갈색에 흰점 무늬가 있다. 대부분의 시간을 저 높은 공중에서 힘들이지 않고 빙글빙글 원을 그리며, 덥고 가벼운 상승기류를 타고 급상승하거나 급히 내리꽂는 활강을 한다. 그렇게 맴돌다가 예리한 눈에 먹잇감이 드는 날에는 쏜살같이 내려와 예리한 발톱으로 먹이를 움켜쥔다. 각이 진 날개와 제비꼬리처럼 갈라진 꼬리, 날개 아랫면에 있는 흰점 등이 특징이며, 활짝 편 날개 끝이 손가락 모양으로 여러 갈래로 갈라진다.

번식기에는 무리를 짓고, 다른 동물들이 다 그렇듯 암컷은 뭇 수컷과 짝짓기하여 여러 정자를 받는다. 둥지는 바닷가 숲 속 나무 위에 나뭇가지를 쌓아 올려 접시 모양으로 틀고, 알 자리에는 깃털이나 마른풀을 깔아 다음 해에 다시 쓰기도 한다. 3월 하순에서 5월에 한배에 푸른빛이 도는 회백색 알을 2~3개 낳아 25~37일간 포란하며, 새끼를 먹여 키우는 기간은 40일 안팎이다. 아니나 다를까, 성질이 사나운 어미아비에서 태어

난 새끼들이라 옥신각신 싸움이 치열하여 힘 약한 놈을 막무가내로 물어 죽이기도 하니, 무섭게도 여기서부터 벌써 약육강식의 정글이 시작된다.

평지, 습지, 하천, 호수, 바닷가, 오지의 삼림 등등 먹이가 있을 만한 곳이면 어디에나 산다. 또 개구리, 뱀, 새, 박쥐, 쥐 등은 물론 도시의 쓰레기더미나 어항, 자동차에 치어 죽은 동물을 먹는데, 특히 썩은 고기와 죽은 물고기도 잘 먹기 때문에 생태계에서 청소부 역할을 한다. 털이나 뼈같이 소화되지 않는 것은 덩어리를 지어 내뱉는 점도 다른 맹금류와 다르지 않다.

세계적으로 온대에서는 보통 철새이지만 열대 지방에서는 텃새로 산다. 예부터 우리나라 중부 이북에서는 텃새로 흔한 새였으나 최근에는 찾아보기 어려운 겨울 철새가 되었는데, 11월 초에서 이듬해 4월 초까지 머물다가 북으로 간다. 세계적으로 그렇듯이 우리나라에도 개체 수가 급격히 줄어 멸종 위기의 야생동식물 2급(천연기념물 제243-4호)으로 지정되어 보호받고 있다.

흔히 다음과 같은 헛말이 파다하게 회자되고 있다. "솔개는 최고 일흔 살을 사는데, 나이 지긋한 마흔 가까이 되면 기력이 쇠잔해지고 날카로운 발톱을 못 써 사냥을 할 수 없을뿐더러, 부리도 길게 구부러져 힘을 못 쓴다. 그래서 솔개는 산 정상으

로 올라가 부리를 바위에 쪼아 빠지게 하여 새로운 부리가 돋
아나게 하며, 새로 돋은 부리로 발톱을 하나하나 뽑고 날개의
깃털을 뽑아내 완전히 새로 태어나게 된다." 그야말로 얼토당
토않은, 어림 반 푼어치도 없는 생판 거짓말이다. 누군가가 일
부러 지어낸 말로, 솔개의 수명은 24년쯤이며, 앞서 언급한 저
런 희한한 동물은 세상에 없다.

삼대 들어서듯

곧고 긴 물건이 빽빽이 모여 선 모양을 일러 "삼대 들어서
듯"이라 한다. 또 무더기로 쓰러지는 모양을 북한 관용어로
"삼대 베듯"이라 하며, 태풍에 마구잡이로 드러누운 벼논처럼
무더기로 너부시 엎드려 쓰러진 모양을 "삼대 쓰러지듯"이라
고 한다. "삼베 주머니에 성냥 들었다" 하면 삼베 주머니에 어
울리지 않게 성냥이 들어 있다는 말이니, 허술한 겉모양과는
달리 속에는 말쑥한 것이 들었음을 비유적으로 이르는 말이다.

내가 어릴 때만 해도 논에 삼을 심어 삼베옷을 해 입었으니
가까이에서 삼을 많이 보았다. 우리 시골에서는 삼을 '제릅'이
라 하여 피골상접한 사람을 "제릅대(겨릅대, 껍질을 벗긴 삼대) 같다"
고 했다. 마른 겨릅대로는 장난감을 만들었고, 특히나 물레방

아를 만들어서 졸졸 흐르는 개도랑(땅에 길게 골이 져서 물이 흐르는 도랑)
물에 방아돌리기 놀이를 하였으니, 나의 어린 시절에는 빼놓을
수 없는 것이 삼이었다. 그뿐인가. "고쟁이를 열두 벌 입어도
보일 것은 다 보인다"고 어린 우리는 덜렁 삼베 저고리에 바지
고쟁이(홑바지)를 걸쳤으니 고추가 달랑달랑 다 보였다. 팬티가
어디 있기나 했어야 말이지. 어머니가 어떻게나 세게 풀을 먹
였던지 바짓가랑이가 사타구니를 긁었더랬지.

삼*Cannabis sativa*은 쐐기풀목 삼과의 한해살이풀로, '대마' 또는
'마'라 한다. 중앙아시아가 원산지이며 한국, 중국, 일본, 러시
아, 유럽, 인도 등지에서 섬유식물로 널리 재배했는데, 우리나
라는 고려 말 문익점이 목화씨를 들여올 때까지 옷감의 주종이
었다.

식물에도 암수가 있다!? 삼은 자웅이주로 식물 중에서도 특
이하고 괴이한 축에 든다. 대체로 암 그루가 수 그루보다 가지
가 적고 길고 크며, 개체 수가 많다. 초본(지상부가 연하고 물기가 많
아 목질을 이루지 않는 식물)에는 드물긴 하지만 한삼덩굴·수영·시
금치·산쪽풀 등이 있고, 목본(줄기나 뿌리가 성장하여 줄기의 질이 단단
해지는 식물)에는 은행나무·비자나무·주목 등의 겉씨식물과 버
드나무과·뽕나무과·녹나무과의 대부분, 그리고 초피나무·산
초나무·물푸레나무·감탕나무 등의 속씨식물에 아주 많은 편

이다. 한데 과연 자웅동주와 자웅이주는 어느 편이 진화한 식물일까?

　삼의 줄기는 곧게 자라며, 빽빽하게 심으면 꼭대기에서 약간의 가지가 나올 뿐이다. "나무도 모아 심어야 곧게 자란다"고, 삼도 광합성을 하기 위해 햇빛 한 톨이라도 더 많이 받겠다고 그렇게 하늘 높은 줄 모르고 멀쑥하게 자란다. 줄기는 네모난 기둥 모양으로 세로로 골이 있고, 잎사귀처럼 엽록소가 많아 연두색이다. 겉껍질 안쪽에는 우리가 이용하는 체관부 섬유와 피층 섬유가 있고, 섬유의 길이는 긴 것이 10센티미터이고 보통은 3~4센티미터이다. 땀을 빨리 흡수·배출하는 줄기섬유는 삼베를 짜서 이불, 저고리나 적삼, 바지, 베갯잇, 보자기, 수의로 쓰고, 밧줄, 그물, 모기장, 천막, 어망 등의 원료로도 쓴다.

　바람에 너푼거리는 잎은 아래에서 마주나며 위로 올라갈수록 어긋난다. 갈래잎이 일곱 장에서 아홉 장으로 된 겹잎이며, 끝이 뾰족하고 가장자리가 톱니 모양이다. 뿌리는 깊게 들지 않아서 한바탕 태풍만 불어도 삼대 쓰러지듯 납작하게 논바닥에 드러눕는다.

　꽃은 7~8월에 암수가 딴 그루에 피는데, 수꽃은 연한 풀색으로 가지 끝에 고깔 모양의 꽃차례를 이루며, 암꽃은 풀빛으로 줄기 꼭대기의 잎겨드랑이에 짧은 이삭 모양의 수상꽃차례로 달린다. 수꽃은 수술이 다섯 개이고, 암꽃은 매우 작은 암술이 한 개 있다. 열매는 수과이고, 약간 편평한 구형으로 딱딱하다. 광택이 나며 기름을 짜서 식용하거나 등불기름, 비누, 페인트에 쓰이며 새장 속 먹이로도 쓴다.

삼의 잎과 꽃에는 테트라히드로카나비놀tetrahydrocannabinol이 주성분인 중독성의 마취 물질이 있으니, 바로 대마초이다. 송송 썰어 담배로 말아 피우면 망상, 흥분, 주의력 저하를 일으키고, 시각과 운동신경에 장애를 일으킨다. 테트라히드로카나비놀은 삼보다 좀 작고 가지가 많이 달리는 인도산 삼에 더욱 많이 들어 있다고 한다. 이 밖에도 다 자란 암꽃 이삭과 줄기 윗부분의 잎에서 분리한 호박색 수지(나뭇진)를 가루로 만든 것이 마약 해시시이고, 꽃과 잎을 말려 가루로 만든 것이 마리화나이다.

우리가 어릴 때는 천만다행으로 아무도 삼에 마약 성분이 든 줄을 몰랐다. 알았다면 짓궂은 어른들이 약에 취해 남우세스러운 짓도 더러 했을 터인데……. 다만 홀라당 벗고 삼밭을 들입다 누비면 기분이 좋다는 이야기는 들은 듯하다. 아무튼 카나비노이드cannabinoids, 카나비디올cannabidiol을 비롯한 여러 화학물질이 모두 무수한 곤충이나 동물로부터 스스로를 보호하기 위해 만들어놓은 독물질인 것은 두말할 나위가 없다.

숨이 턱턱 막히게 더운 날, 연신 땀을 뻘뻘 흘리며 벤 삼을 삶을 때는 술, 떡, 고기 등의 음식을 푸짐하게 차려놓고 삼이 잘 익고 베를 잘 짤 수 있도록 기원하는 제를 지냈다. 강가에 놓은 커다란 드럼통에 삼을 가지런히 쟁여넣고 삼 찌기를 하니, 소죽 삶듯이 김이 푹푹 나게 찐 다음에 강물에 식히고 부신다. 삼대 뭉치를 매매 발로 밟아 치댄 다음, 겉껍질을 죽죽 벗겨내 햇볕에 표백이 되게 볕 바래기를 한 후 마른 것을 주섬주섬 모아 삼 머리 쪽을 가지런히 묶는다. 아낙네들이 둘러앉아 물에 축축하게 적신 다음 잘게 째기를 하고, 이를 사리물고 마름질하면서 한 올 한 올 이어가니, 이를 말해서 '삼 삼기'다. 맨살 허벅지에 올려놓고 손바닥으로 삼 머리 올과 꼬리 올을 포개 또르르 밀어 잇기 하니, 어머니 허벅지에 삼 때가 고약처럼 더덕더덕했더랬지. 허리와 다리뼈가 빠지게 일하던 어머니를 여기서 만난다. 죽으면 썩을 살을 아껴 무엇하리라며 노래를 불렀던 어머니, 저승에서나마 편히 쉬십시오.

사실 삼베 길쌈이 잔손질이 많이 가고 간단치 않아 실감나게 상세히 설명하지 못하니 미안하고 답답할 노릇이다. 날실을 만드는 '베 날기'와 날실을 바디 구멍 하나하나마다 꿰어놓고 풀을 먹이는 '베 매기'의 고된 일이 끝나면 이윽고 '베 짜기'에 들어간다. 앉을깨(베틀에서 앉는 자리)에 앉아 부티(베틀을 짤 때 두르는 띠)를 허리에 두른 다음 '철거덕 턱, 철거덕 턱' 허구한 세월 베를 짜면서 부르던 「길쌈노래」는 나의 사모곡이 된 지 오래다. 오늘따라 어머니가 또 그립고 보고 싶다.

머리가 모시 바구니가 되었다

'모시' 하면 작곡가 금수현의 가곡 「그네」를 빼놓을 수 없지. "세모시 옥색치마 금박물린 저 댕기가, 창공을 차고나가 구름 속에 나부낀다……." 목청껏 자주 불렀던 노래다.

모시에 얽힌 속담이나 관용어도 많다. 먼저 "모시 고르다 베 고른다"는 처음에 뜻하던 바와는 전연 다른 결과에 이르렀으니, 좋은 것을 가지려다 도리어 좋지 못한 것을 차지하게 됨을 이르는 말이다. 또한 "세모시 키우는 사람하고 자식 키우는 놈은 막말을 못한다"는 세모시를 키우는 일과 자식을 키우는 일은 뜻대로 되지 않으니 막말을 해서는 안 된다는 말이다. "가난한 상주 방갓 대가리 같다"란 사람이 허술하여 우스꽝스럽다거나 무슨 물건이 탐탁하지 못하고 어색해 값 없어 보임을 이르는 말이고, "머리가 모시 바구니가 되었다"는 머리가 모시처럼 희게 되었다는 뜻으로, 긴 세월이 지났다는 말이니 지금 필자가 바로 그 꼴이다.

모시*Boehmeria nivea, ramie*는 쐐기풀과에 속하는 다년생초본식물로 동아시아가 원산지이다. '저마苧麻'라고도 부르는데, 잎은 길이 7~15센티미터에 너비가 6~12센티미터이고, 뒷면에 하얀 털이 빽빽이 나 있어 은백색을 낸다. 이렇게 잎 뒷면에 흰 잔털이 있는 백모시와 달리 털이 없는 녹모시도 있다. 백모시는 중국, 한국, 일본 등지에서 잘 자라며, 섬유가 세미細美하고 품질이 우량하다. 반면 녹모시는 말레이 반도가 원산지로 말레이반도와 인도에서 주로 재배하며, 품질이 약간 떨어지는 편이다.

모시는 긴 잎자루의 잎에는 톱니가 있어 쐐기풀*Urtica thunbergiana*을 매우 닮았지만 찌르지 않는다. 쐐기풀의 잎과 줄기에는 포름산(개미산)이 든 가시가 있어 피부에 닿으면 무지하게 아리고 따끔거려, 쐐기나방 애벌레 침에 찔린 듯 소스라치게 놀란다. 필자도 실제로 소꼴을 베다가 많이 당했는데, 손이 퉁퉁 부으면서 그지없이 쓰라리고 한참을 지나도 당최 아픔이 누그러들 기색이 없다. 줄기는 높이 1.5~2미터로 곧게 뭉쳐나고, 지름은 1.2~1.5센티미터로 굵직굵직하다.

꽃은 암수딴그루로 7~8월에 엷은 녹색으로 피며, 암꽃이

삭은 줄기의 위쪽에, 수꽃이삭은 아래쪽에 달린다. 아침 10~12시경에 수꽃이 먼저 피며, 수술은 네 개이다. 종자는 1밀리미터 남짓한 것이 아주 작고 갈색 방추형이다.

모시는 땅속줄기로 자란다. 땅속줄기의 마디에서 발육한 싹이 모체에서 분리되어 독립된 개체로 되는 것을 '흡지吸枝'라 하는데, 이 흡지의 각 마디에서 가는 뿌리가 발생하고, 한 그루에서 줄기가 열 개 이상 생성된다.

모시란 모시풀 껍질의 섬유로 짠 옷감으로, 베나 삼베보다 곱고 빛깔이 희며 여름 옷감으로 많이 쓰인다. 나비 중에 '모시나비'가 있는데 나래(날개) 바탕이 흰색이라 붙인 이름이다. 모시옷은 방귀 깨나 끼는 사람이 입었지, 언감생심 우리는 여름이면 마냥 빳빳하고 헐렁한 삼베옷을 입었다. 모시는 최소한 6천 년 전에 재배를 시작한 섬유식물로 줄기 체관부의 인피섬유靭皮纖維를 쓰는데, 여기서 인피란 '질긴 섬유'란 뜻이다.

모시는 정상적으로 한 해에 두세 번 수확하지만 날씨가 좋은 해에는 여섯 번도 수확한다. 수확은 꽃이 피기 직전이나 직후에 하는데, 이때가 영양기관이 성장을 거의 멈춰서 섬유량이 최고조에 달하는 시기이다. 곁뿌리가 있는 자리의 줄기를 자르고 외피를 벗기는데, 식물줄기가 싱싱할 때 벗기지 않으면 이내 말라서 잘 벗겨지지 않는다. 벗긴 겉껍질은 곧바로 말려야지 그렇지 않으면 세균이나 곰팡이가 달라들어 조직이 상한다.

　수확한 줄기를 물에 일곱 시간 정도 담근 다음 손이나 기계로 외피를 벗긴다. 겉껍질에 든 교질이나 고무질, 펙틴pectin을 없애기 위해 모시 칼로 외피를 빡빡 긁어내고, 마지막으로 불순물을 우려내기 위해 여러 번 물에 담갔다가 씻어 말린다. 모시섬유는 식물 중에서 가장 긴 것으로 알려졌고, 섬유량은 보통 모종을 심은 후 3~5년에 가장 많다.

　옛날 옛적부터 모시는 우리나라나 중국에서는 가볍고 예스러운 옷감으로, 이집트에서는 어김없이 미라를 싸는 천으로 사용되었다. '미라'라는 말은 포르투갈어에서 유래했으며, 고대 이집트에서 미라를 만들 때 방부제로 썼던 '몰약沒藥, myrrh'을 부르는 말이었다. 몰약은 아프리카와 아랍 지방에서 자생하는 감람과 식물 콤미포라 미르르ㅏCommiphora myrrha나 콤미포라 아비시니카C.abyssinica 등의 나무껍질에 상처를 내어 채취한 천연 고무수지이다.

　모시는 가장 강력한 섬유로 잘 구겨지지 않으며, 특히 물에 젖었을 때 은색을 내면서 더욱 세진다. 물체를 잡아 늘여 끊는 데 필요한 단위 면적당 힘을 말하는 인장강도가 비단의 일곱 배, 목화의 여덟 배나 될 정도로 엄청 질기다. 오랫동안 사용하고 질기게 하기 위해 주로 면이나 울을 섞어 쓰며, 목화로 짠 베만큼 잘 묾(염색)이 들지 않는다. 모시 섬유는 옷감, 수건, 장갑, 천막, 모기장 등의 원료로 쓰고, 그물, 밧줄, 특수 종이를 만드는 데도 쓰인다.

모시풀은 옷감뿐 아니라 식재료로도 쓰이니 일석이조의 빼어난 식물이다. 모시의 어린순은 나물로 먹고, 잎사귀는 말린 후 가루 내어 칼국수, 모시송편, 모시개떡 따위로 먹는다. 베트남에서도 우리처럼 떡에 모시 잎을 넣어 케이크를 만들어 먹는다고 한다. 잎에는 항산화 성분인 플라보노이드flavonoid 성분과 암 예방에 효과가 있다는 루틴이 들어 있어 몸에 좋고, 심지어 뿌리도 먹지만 아주 단단하다고 한다.

우리나라에서는 충청남도와 전라남·북도가 모시의 주산지이다. 특히 충남 서천 지역의 모시가 뛰어나며, 한산의 세모시도 유명하여 중요무형문화재로 지정하고 재배·제사製絲·제직製織의 기능을 이어가고 있다. 과연, 역사가 한껏 밴 한산 모시로다!

거북이 잔등의 털을 긁는다

"거북이도 제 살던 바윗돌을 떠나면 오래 살지 못한다"는 말이 있다. 장수하기로 유명한 거북도 제가 살던 곳을 떠나면 오래 살지 못한다는 말로, 사람은 나서 자란 고향 땅을 등지면 제명대로 살아가기가 힘들다는 뜻이다. "거북이 잔등의 털을 긁는다"는 털이 나지 않는 거북의 등에서 털을 긁는다는 말이니, 아무리 구해도 얻지 못할 것을 애써 구하려는 어리석은 행동을, "애먼 거북이 돌에 치였다"는 억울하게 화를 당하거나 벌을 받게 됨을 이르는 말이다. "거북을 타다"란 일하는 동작이 남보다 매우 굼뜸을, "산 진 거북이요, 돌 진 가재라"는 등이 납작하여 넘어질 위험이 없는 거북과 가재가 산과 돌을 각각 지었다는 말이니, 의지하고 있는 세력이 믿음직하고 든든함

을 이르는 말이다. 한마디로 백이 튼튼하다 이거지.

거북은 파충강 거북목 남생이과 동물의 총칭으로, 거북을 통상 '거북이'라 한다. 파충류 중 가장 오래된 동물로 세계적으로 12과 327종이 알려져 있으며, 한국에는 드물어 바다거북과의 바다거북, 장수거북과의 장수거북, 남생이과의 남생이, 자라과의 자라, 고작 4종이 알려져 있다.

거북류는 2억 2천만 년 전에 지구에 나타났으며, 같은 파충류인 뱀, 도마뱀, 악어보다 훨씬 더 오래된 변온동물이다. 가장 큰 장수거북*Dermochelys coriacea*은 등딱지 길이 200센티미터에 체중이 900킬로그램이나 나가고, 가장 작은 거북은 길이 8센티미터에 체중이 140그램밖에 나가지 않는다. 온대나 열대 지방의 육상과 민물, 바다에서 사는데, 산란은 모두가 반드시 육상에서 한다.

거북류의 다리에는 발가락이 다섯 개 있고, 예리한 부리가 있어 먹이를 자르고 씹는다. 바다에 사는 거북은 해초나 해파리, 해면, 조개 따위를 먹고, 육지에 사는 거북은 초식성으로 풀, 잡초, 꽃을 뜯어먹지만, 민물에 사는 거북은 육식성으로 작은 물고기를 먹는다. 딱지의 겉은 피부가 변한 것이고, 갑은 척추와 늑골 60여 개로 되어 있다. 거북의 등 껍질을 상갑上甲, 배 껍질을 하갑下甲이라 하며, 둘은 야문 인대로 이어져 있다. 거북은 탈피를 하지만 뱀처럼 단번에 전체를 탈피하지 못하고 시나브로 조각조각 떨어져 나온다. 무엇보다 알다시피 철옹 같은 집을 지고 있어서 어느 동물보다 안전하다.

거북류는 이빨이 없고, 눈은 아래로 내려다보면서 일부 천연색을 감지하며, 초롱초롱한 눈에는 눈꺼풀이 있다. 목은 목등뼈가 여덟 개이며 보통 껍질 속을 드나들 수 있다. 갑각의 등은 푸른색 바탕에 회갈색 또는 암갈색을 띠고 있으며, 갑의 모양은 둥글다. 일반적으로 바다에 사는 거북turtle과, 육지에 사는 거북tortoise으로 나뉜다. 물과 땅을 오르내리며 양서兩棲하는 거북은 긴 발톱과 물갈퀴가 있고, 바다에서 사는 거북은 발

251

가락이 융합하여 물을 지치는 지느러미발이 되어 발톱이 짧고 작다.

육지에 사는 거북은 네 다리가 매우 짧아 아주 천천히 움직인다. 알을 30여 개 낳으며 60~120일 후에 부화하는데, 새끼가 나올 무렵이면 달걀 속 병아리가 그렇듯 안에서 뾰족한 부리의 난치卵齒로 알을 깬다. 육지 거북 중에는 갈라파고스코끼리거북*Geochelone nigra*이 유명한데, 갈라파고스자이언트거북Galapagos giant tortoise이라고도 하며, 갈라파고스제도에서만 서식하는 멸종위기종이다.

바다거북은 주로 물밑에서 지내지만 공기 호흡을 하기에 매양 물위로 올라와야 한다. 다른 늑골이 움직이는 파충류처럼 호흡을 못하고, 단지 공기를 입에 머금어서 목구멍 아래를 움직여 폐로 공기가 들게 한다. 눈 근방에는 소금을 밖으로 분비하는 소금 샘이 있어 몸의 염분 농도를 조절하고, 지능이 흰쥐보다 뛰어나다고 한다. 그나저나 싸움에서 벌러덩 뒤집어진 거북은 몸을 다시 뒤집지 못해 죽고 만다지?

바다거북은 육지에서는 이동이 아주 둔하다. 그래서 알을 낳으러 갈 때는 지느러미발로 끙끙대며 움직일 뿐이지만, 갓 부화하자마자 냉큼 바다로 기어나가는 새끼들은 아주 재빠르게 움직인다. 어미가 알이나 새끼를 보호한다고 알려진 종은 없다. 알은 약간 부드러우며 가죽 같고, 둥글거나 약간 길쭉하다. 알을 모래나 진흙 구덩이에 낳은 후 덮어두면 70~120일 후에 부화한다.

몇몇 동물이 그러하듯 거북도 부화 과정에서 암수가 결정되는데, 흙 속의 알이 받는 섭씨 29.5도보다 높으면 거의 암컷이 되고 28도보다 낮으면 대부분 수놈이 된다. 다시 말해 온도에 따라 성비가 달라진다. 성비는 암수 개체 수가 같으면 1(100)이고, 수놈이 많으면 1(100) 이상의 값이 된다. 예를 들어 사람의 1차 성비(수태 시)와 2차 성비(출생 시)는 남자가 많아 1.02~1.13(102~113)이지만, 3차 성비(50세 이상)는 1(100) 이하로 여자가 많은데 이는 여자가 남자보다 장수하는 탓이다.

바다거북의 수명은 물경 150년 안팎이고, 땅을 기어가는 속도는 1시간에 270미터이며, 암수이형(자웅이형)으로 암컷이 몸집이 더 크고 발톱도 더 길다. 암컷은 꼬리가 짧고 아래로 처지는 반면, 수컷은 꼬리가 길고 위로 치뜬다.

거북은 100년을 넘게 산 놈이라 해도 간, 허파, 콩팥 등의 오장육부가 망가지거나 기능이 떨어지지 않으니, 진정 '늙은 거북이는 없다'는 말씀! 그래서 학자들이 거북의 장수 유전자 연구에 몰두하고 있다지. 거북류는 오래 산다는 의미에서 기린·봉황·용과 함께 '사령四靈'의 하나로 상서로운 동물로 친다.

그리하여 집을 짓고 상량할 때 대들보에 '하룡河龍'이나 '해귀海龜'라는 문자를 써넣고, '귀부龜趺'라 하여 거북 모양으로 만든 받침돌도 사용한다. 중국의 초기 문자인 갑골문자도 거북의 등딱지에 기록하여 붙은 이름이다. 귀갑(거북 등딱지)은 말려서 치장용으로 걸어두고 순금 거북이를 장롱에 보관하였으니, 그게 다 이렇게 장수하는 거북을 무척 귀히 여겨 재수가 좋으라고 한 일이다.

과실 망신은 모과가 다 시킨다

"모과나무 심사"란 모과나무처럼 울퉁불퉁하고 뒤틀려서 심술궂고 순순하지 못한 마음씨를, "병풍에 모과 구르듯 한다"는 병풍에 그려진 모과처럼 이리저리 굴러다녀도 탈이 없는 사람을 이르는 말이다. 또한 "과실 망신은 모과가 다 시킨다"는 "어물전 망신은 꼴뚜기가 시킨다"와 마찬가지로 지지리 못난 사람일수록 동료를 망신시킴을 빗대 하는 말이다. 아무튼 모과나무나 모과는 늘 못생기고 볼품없는 과일 취급을 받아왔다.

모과나무는 쌍떡잎식물 장미목 장미과의 낙엽교목으로 중국이 원산이다. 우리나라에는 조선시대 이전에 유입된 것으로 추정하며, 꽃과 열매를 즐기기 위해 관상수, 과수, 분재로 재배했다. 비교적 물 빠짐이 좋고 굵은 자갈이 섞인 양지바른 흙에서 잘 자라니 중부 이남에서는 마을의 빈 터나 집 안뜰에 널리 심었으며, 그보다 추운 지방에서는 겨울에 두툼한 짚옷으로 나무를 칭칭 매주기도 했다.

모과의 학명은 *Pseudocydonia sinensis*로 비슷한 종인 *Chaenomeles sinensis*에 비해 나무줄기에 가시가 없으며, 꽃이 무더기로 나지 않고 하나씩 핀다. 또 아주 흡사한 *Cydonia sinensis*와는 달리 잎에 톱니가 있다. 이들의 종소명 *sinensis*는 라틴어로 '중국의' '중국인'이라는 뜻이니 원산지와 관련이 있는 셈이다.

열매는 참외처럼 생겼다 해서 '나무에 달리는 참외'라는 뜻으로 '목과木瓜'가 되었다. 그런데 '목과'를 왜 '모과'로 읽게 되었을까? "동일한 한자어가 어떤 경우에는 본음本音으로 나고 어떤 경우에는 속음俗音으로 날 때, 속음으로 나는 것을 적는다"라는 '한글맞춤법 6장 1절 52항'의 규약에 따른 것이다. '목木'의 경우 본음은 '목'이나 '목(모)과'의 경우 속음인 '모'가 더 많은 사람들에게 익숙하여 '모과'로 적은 것이다. 참고로 속음이란 본음과 달리 사람들이 자주 쓰는 음으로, 예를 들어 '육월六月'을 '육월'로 읽지 않고 '유월'로 읽는 것도 같은 맥락이다.

모과 잎은 어긋나고, 달걀 모양이며 끝이 무디다. 표피가 가죽처럼 빳빳하고 둘레에 잔 톱니가 규칙적으로 나 있으며, 꽃은 지름이 2.5~3센티미터로 싱그러운 연분홍빛이다. 꽃은 5월께 하나씩 달리고, 봉싯봉싯한 꽃잎은 달걀을 거꾸로 세운 모양으로 다섯 장이다.

모과나무는 땅땅하고 야무진 것이 높이는 10미터 안팎이고, 나무껍질은 보랏빛을 띤 갈색으로 윤기가 나며, 묵은 나무껍질은 봄마다 조각조각 들떠 떨어지고 그 자리에 푸른빛이 돈다. 모과나무는 과실과 목재도 좋지만, 가냘프면서 아리따운 연분홍색 꽃이 아름답다. 또 비늘조각이 떨어져 얼룩얼룩하고 꾸부정한 줄기에 군데군데 혹같이 도드라진 돌기가 돋쳐 있는 모양새가 일품이다.

모과 열매는 살집이 도탑고 통통한 것이 타원형이다. 길이는 15~20센티미터, 지름이 8~15센티미터 정도로 목질이 발달해 아주 야물다. 9월에 노랗게 물들며, 익으면 어느 과일에 비길 바 없이 향기롭지만 텁텁한 타닌tannin이 많이 들어 있어 떫고 신맛이 세다. 열매 표면에 자르르한 기름 성분이 있어 미끈미끈한데 이것이 모과의 향을 더해준다. 시큼하고 떨떠름한 맛에 생김새도 제멋대로이니 "과일 망신은 모과가 시킨다"는 말이 저절로 나올 만하다. 그러나 자동차 뒤에 덩그러니 모과 삼형제가 예쁜 소쿠리에 떡하니 앉아 있는 것을 보면 그렇게 홀대하고 얕볼 과일만은 아니다.

모과의 단맛은 포도당, 설탕, 과당 등이 약 5퍼센트 가량 함유되어 있기 때문이고, 신맛은 유기산인 구연산, 사과산, 주석산 때문이다. 비타민 C는 레몬보다 많으며, 칼슘, 칼륨, 철분 등의 무기질이 풍부한 알칼리성 식품이고, 떫은 맛을 내는 타닌은 설사를 방지한다. 과육을 꿀에 재워서 정과正果나 잼을 만들어 먹기도 하고 얇게 썰어 설탕에 조려 두었다가 뜨거운 물을 부어 모과차로 마시기도 한다. 또한 불고기 같은 육류에 모과를 첨가하면 누린내를 없앨 수 있다.

얇게 썬 모과를 소주에 담가 술을 만들어 먹으니, 모과주는 피로 해소와 식욕 증진에 효과가 좋다. 그런데 남자 정력을 감한다 하여 애써 집사람이 담근 모과주를 노발대발하며 내다버리라고 서슬 퍼렇게 역정 내시던 어머니가 생각이 난다. 한사코 자식 정력까지 걱정하시던 곡진한 울 오매를 모과에서도 만나다니…….

식약동원이라고, 먹는 음식치고 약 아닌 것이 없다. 한방에서는 모과가 진해, 거담, 지사, 진통 등의 효능이 있다 하여 중히 여긴다. 또 신진대사를 좋게 하여 숙취를 풀어주지만 과용하면 소변의 양이 줄어드니 주의해야 한단다. 모과는 열매가 익을 무렵 따서 적당한 크기로 썰어 햇볕에 말리고(멜라닌 색소 탓에 거무튀튀하게 변색된다) 쓰기에 앞서서 잘게 썬다. 모과나무 목재는 재질이 붉고 치밀하면서도 광택이 나고 아름다워 옛날부터 민속목기를 만드는 데 썼는데, 특히 단단하면서도 다듬기가 쉽기 때문이다.

참고로, 모과가 유독 돌처럼 단단한 이유는 과육세포 사이사이에 있는 '돌세포(석세포)' 때문이다. 돌세포는 우리가 흔히 배를 먹을 때 까슬까슬하게 느끼는 성분으로, 세포막이 아주 여러 층으로 목화木化되어 두꺼워진 후막세포厚膜細胞이다. 죽은 세포이면서 살아 있는 다른 세포를 보호하며, 주로 종자를 지키기 위해 내과피에 많이 분포한다. 과일 배가 치아 건강에 좋은 것은 돌세포가 치아 사이의 프라그를 제거해주는 효과가 있기 때문이란다. 모과의 경우는 돌세포가 많아 날것으로 먹기에 좋지 않기 때문에 주로 차나 술, 잼으로 만들어 먹는다. 돌세포는 배나 모과 외에 매실, 복숭아, 버찌(체리) 등에도 있다.

밤송이 우엉 송이 다 끼어 보았다

"밤송이 우엉 송이 다 끼어 보았다"란 가시가 난 밤송이나 갈퀴 모양의 침이 많이 난 우엉 꽃송이에도 끼어 보았다는 뜻으로, 산전수전 다 겪으며 억척스럽게 살아 별의별 고생을 다 맛보았음을 빗대어 이르는 말이다.

우엉 열매송이는 수과瘦果로, 9월에 익는다. 줄기 끝에 천생 엉겅퀴 꽃망울과 흡사한 둥그런 꽃망울이 생기면서 줄잡아 6월에 꽃이 피고, 꽃이 지면서 차츰 씨앗 꼬투리를 키우며, 7월 말 이후에 씨앗이 여물면서 꼬투리가 말라간다. 까칠한 꼬투리를 따서 잘 말려 비벼 씨앗을 얻는데, 우엉 꼬투리는 껄끄럽고 거칠어 어디에도 착착 달라붙어 떨어지지 않으며, 바늘같이 뾰족한 침이 많아 맨손으로 만지면 뜨끔거린다. 종자는 검은색이고, 종자의 깃털은 길이 3.5밀리미터로 갈색이며, 동물의 털이나 새의 깃털에 악바리같이 야무지게 달라붙어 멀리 옮긴다. 작은 씨앗 하나가 정원을 만든다고 했던가.

우엉*Arctium lappa*은 국화과 두해살이풀로 '우방牛蒡'이라고도 부르며 옛말은 '우웡'이다. 봄철 파종은 어림잡아 3월 하순에서 5월 상순이며, 가을 씨뿌리기는 9월 하순에서 10월 상순이다. 원산지는 유럽으로 치며 유럽, 시베리아, 중국 동북부에서 야생한다. 우리가 키우는 곡식은 다 자생하던 것을 씨를 받거나 식물체를 옮겨와 심은 것이 아닌가. 우엉도 입때껏 질소 성분이 많은 땅에서 잘 자라고 아주 세차게 번식하는, 널리고 깔린 아무 짝에도 쓸모없는 성가신 잡초로 여겼지만, 최근에 비로소 어엿한 식용으로 재배하기 시작했다. 특히 일본 사람들이 많이 심어 여러 요리 재료로 쓴다고 한다.

시골에서는 까마득한 옛날부터 심어왔기에 양지바른 밭 가장자리에 심은 우엉을 많이도 팠던 기억이 생생하다. 봄이 되면 내가 사는 춘천에도 한번 씨를 심어볼 참이다. 씨앗이 싹트려면 섭씨 20도 이상이 되어야 하니, 토란 씨알처럼 4월 말에나 씨를 뿌리면 되겠다. 또 햇빛을 많이 받아야 잘 자라는 식물로 성장 속도가 매우 빨라 7월 이후면 캘 수 있고, 밭에서 직접 캔 우엉 뿌리 겉껍질을 칼로 살짝 벗겨내고 생으로 먹으면 풋풋한 것이 색다른 맛을 느낀다고 한다. 우엉은 이어짓기를 매우 싫어하므로 한번 심은 곳에는 3~4년 뒤에 다시 심는 것이 옳다.

우엉의 곧은뿌리는 지름이 2센티미터 남짓이고 거의 90센티미터(보통은 30~60센티미터)까지 자라며, 뿌리의 머리 부위에서 50~150센티미터의 줄기가 나온다. 이렇게 뿌리가 깊게 곧추 자라는 녀석은 아마도 우엉이 최고가 아닐까 싶다. 보통 곡식이나 식물은 고작 무기양분이 배어 있는 10센티미터 근방의 표토表土에 뿌리를 내리는데, 우엉은 어찌도 이리 야문 땅을 뚫고 깊게 파고들 수 있는지……. 캐기가 여간 힘들지 않아 삽이나 곡괭이로 이를 악물고 찬찬히 얼마간 판 다음에 뿌리를 넌지시 잡아당겨 보지만, 맙소사! 판판이 뿌리 중간이 뚝뚝 부러지고 만다.

우엉의 잎은 뿌리에서 무더기로 난다. 길이 30~60센티미터에 폭이 30~40센티미터이고, 잎자루는 길이가 10~25센티미터이며, 줄기에서 어긋나고 심장 모양이다. 잎의 윗면은 짙은 녹색이지만 아랫면에는 거미줄 같은 허연 솜털이 빽빽이 바투나 희게 보이며, 가장자리에 톱니가 있다. 대부분의 동물이 우엉을 잘 먹지 않지만 일부 나방 유충이 숱하게 달려들어 거덜을 내니, 이렇게 동식물이 서로 먹고 먹히는 관계가 따로 정해져 있다.

날씬하고 아름다운 진한 자줏빛이 도는 꽃은 7~8월에 피며, 몽실몽실한 두상화로 줄기 끝에 우산모양꽃차례로 달린다. 모인꽃싸개(꽃의 밑동을 싸고 있는 비늘 모양의 조각)는 2~3센티미터로 둥글고, 꽃은 관상화로 수술은 다섯 개이며 암술은 한 개이다.

우엉은 원래 살던 곳에서 다른 지역으로 옮겨 와 잘 적응한 귀화식물로, 뿌리가 길고 굵은 '농야천瀧野川'과 육질이 좋고 뿌리가 짧은 '사천砂川' 두 품종이 있다. 뿌리에는 돼지감자(뚱딴지)에도 많은 '천연 인슐린'이라는 다당류 이눌린inulin과 천연지방산 팔미트산palmitic acid이 그득 들었다. 그래서 유럽에서는 소변을 잘 나오게 하는 이뇨제와 땀을 나게 하는 발한제로 사용하고, 인후통과 독충의 해독제로도 쓰며, 대머리 치료에도 우엉을 쓴다고 한다.

우엉은 알칼리성 식품으로, 아삭아삭 식감이 좋고 특유한 향기에 단맛이 나서 특별히 우리나라와 중국, 일본에서는 된장에 박아 장아찌를 담거나 간장과 설탕으로 자작자작 조려 반찬으로 먹는다. 식이섬유가 많이 들어 있으며, 칼슘, 칼륨, 아미노산이 풍부하여 요새 와서 세계적으로 장수식품으로 인기를 끌고 있다. 유럽에서는 뽕나무과의 여러해살이 덩굴 풀인 호프를 쓰기 전까지 맥주의 쓴맛을 내기 위해 우엉을 썼다고 한다.

사람들은 우엉뿌리를 말려 덖어서 차로 마신다. 우엉 차에는 강력한 항암·항산화 작용을 하는 폴리페놀polyphenol과 레스베라트롤resveratrol이 풍부하게 함유되어 있어 노화를 방지한다. 또 혈액순환을 돕는 사포닌saponin이 들어 있어 뇌질환, 심장병, 염증에 좋으며, 변비 개선과 대장암 예방에도 효과가 있다. 반면 식물의 잎이 만든 락톤lactone이라는 물질 때문에 접촉성 피부염을 일으킬 수 있으니 조심해야 한다. 우리 집사람도 우엉이 몸에 좋다는 것을 알고 한 뭉텅이 사와 칼로 쫑쫑 가로썰기 하여 한소끔 끓여 말린 후 보리차에 조금씩 넣는 모양이다. 누가 뭐래도 건강하려면 음식을 이것저것 가리지 말고 고루고루 먹는 길밖에 없다. 사람의 목숨은 하늘에 달려 있으니, 목숨의 길고 짧음은 인력으로 어쩔 수 없음을 일러 '인명재천'이라 하지 않던가.

호랑이 담배 피울 적

흔히 심심초, 궐련卷煙, 상사초相思草, 연초煙草, 남초南草, 망우초忘憂草 따위로 불렀던 담배에 얽힌 속담도 많다. "담배 잘 먹기는 용귀돌일세"라는 말이 있다. 늘상 담배만 피워대는 사람을 놀림조로 이르는 말인데, 여기 나오는 '용귀돌龍貴乭'은 어느 때 사람인지는 알 수 없으나 담배를 무척 많이 피우는 골초로 유명한데, 나중에는 머리를 가르고 진득진득하게 달라붙은 담뱃진을 파냈다는 믿거나 말거나 한 이야기가 전해온다. 또 "곰배팔이 담배 목판 끼듯"이란 무슨 물건을 옆에 꼭 끼고 있는 모양을 이르는 말인데, '곰배팔'은 팔이 꼬부라져 붙어 펴지 못하거나 팔뚝이 없는 사람을 낮잡아 부르는 말이다. 이 밖에도 지금과는 형편이 다른 아주 까마득한 옛날을 흔히 "호랑이 담

배 피울 적"이라 하고, "번갯불에 담배 붙이겠다" 하면 "번갯불에 콩 볶아 먹겠다"와 함께 행동이 매우 민첩함을 이르는 말이다. "지궐련 마는 당지唐紙로 인경을 싸려 한다"는 되지 않을 무리한 짓을 한다는 말인데, '지궐련'은 종이로 만 담배이고 '인경'은 인정人定이라고도 부르는 조선시대 통행금지 알림용 종이다.

담배를 영어로 '토바코tobacco'라 하는데, 전 세계 담배 70여종 가운데 대표적 학명인 *Nicotiana tabacum*의 종소명 *tabacum*에서 나온 말이다. 우리말 '담배'는 이 '토바코'가 일본의 '다바코'에서 '담바구'로 와전되었다가 '담배'가 된 것으로 추정한다.

가지과의 한해살이풀인 담배의 원산지는 남미 안데스 산맥 고산지대이다. 가지과에는 담배 말고도 가지, 감자, 고추, 토마토, 까마중, 구기자, 미치광이풀, 흰독말풀이 있는데, 이들은 외양은 아주 다르지만 생식기인 꽃은 서로 빼닮았다. 이 가지과 식물의 잎을 황록색으로 변하게 하는 담배모자이크병을 일으키는 원인이 바로 '담배모자이크바이러스'로, 온전히 곤충이 전염시키지만 무심코 버린 담배꽁초나 끽연 때 담배를 만진

손으로 식물을 만져도 부리나케 옮는다.

담배줄기는 1.5~2미터로 곧게 자란다. 잎줄기에는 점액을 분비하는 선모腺毛가 빽빽이 있어 끈적끈적하고, 잎은 어긋나며 타원형으로 끝이 뾰족하게 자란다. 꽃망울은 7~8월에 연한 홍색으로 맺히며, 꽃부리는 깔때기 모양으로 끝자리가 다섯 개로 갈라져 수술도 다섯 개이다. 열매는 달걀형으로 삭과이다. 꽃받침이 열매를 싸고 있고, 열매 하나에 둥글고 작은 진갈색 종자가 자그마치 2천~4천 개씩 들어 있다. 이 때문에 '담배씨'는 아주 작거나 적은 것을 빗대는 말로 쓰이니, "담배씨네 외손자" 하면 대범하지 못하고 성질이 매우 잘거나 마음이 좁은 사람을 빗댄 말이다. 부디 담배씨만큼 자잘한 사람이 되지 말지어다.

담배는 잎을 시래기 말리듯 응달에 말린 다음 후발효(주된 발효에 이어서 이루어지는 발효 과정)시킨 뒤, 쫑쫑 썬 담뱃잎에 달달한 맛과 향긋한 냄새를 나게 하는 설탕, 글리세린, 감초, 코코아, 향료 등을 첨가하여 만든다. 담배 맛을 좋게 하려면 세계 여러 곳에서 생산하는 각종 잎담배를 적절히 섞어야 하는데, 이 때문에 잎담배는 국제적으로 활발하게 유통된다. 또한 담배는 주세酒稅와 마찬가지로 국세國稅에 중요한 몫을 차지하는 탓에 돈에 눈이 먼 국가들이 다짜고짜로 맹렬한 경쟁을 벌이는 상품이다. 여북하면 "술 담배 먹지 않는 사람 애국이란 말 하지 말라"고 하겠는가.

담배는 중독성이 모질게 센 알칼로이드 물질인 니코틴이 주성분이다. 이 니코틴이 담배세포 속에 3.2~3.5퍼센트나 들어 있으며, 이것 말고도 다른 수천 가지 유해 성분이 들어 있어 생명기관인 폐·간·심장 어디 하나에도 좋지 않다. 특히나 꺼림칙하게도 발암 물질이 있으니 모든 암 발생 원인의 30퍼센트가 담배이다. 담배연기 속에는 일산화탄소와 시안 물질이 있어 유독한데, 특히 일산화탄소는 헤모글로빈 결합력이 산소보다 200배나 크고, 일단 결합하면 쉽게 해리되지 않아 조직으로 운반되는 산소가 팍 줄어든다. 담배를 몇 번 세게 빨면 골이 띵한 것은 바로 이 산소 결핍 때문이다.

사실 담배 말고도 여러 식물에 도사린 니코틴은 곤충에 아주 치명적인 신경 독소로 작용하여 벌레들이 와락와락 활개 치며 달려들지 못하게 막는다. 니코틴을 꺼려 호락호락 담뱃잎을 먹는 곤충이 없으며, 소도 담배를 기피할 정도이지만, 이례적으로 먹성 좋기로 이름 날리는 염소 놈은 닥치는 대로 달려들어 알뜰히 먹어 치운다. 그래서 "염소 물똥 누는 것 보았나"라는 속담이 있으니, 있을 수 없는 일을 이르는 말이렷다.

마지막으로 담배에 관한 인디언 전설 한 토막을 소개한다.

옛날에 인디언 한 소녀가 있었다. 착하고 순수했지만 불행히도 추했던 소녀는 파렴치한 사내들이 외면한 탓에 가련하게도 일생 연애를 단 한 번도 해보지 못했다. 남자의 사랑을 받을 수 없다면 살 가치가 없다고 여긴 소녀는 "다음 생애에는 세상의 모든 남자와 키스하고 싶어요"라는 말을 남기고 자살했다. 그리고 그녀가 죽은 자리에 풀이 돋았으니 바로 담배이다.

과연 소녀는 소원을 이루고도 남은 것 같다. 필자도 여태 덜미를 잡혀 감연히 끊기는커녕 주야장천 실답지 못하게 소녀와 입맞춤하고 있으니 말이다. 담배를 끊자!

남양 원님 굴회 마시듯

"가을비가 잦으면 굴이 여물다"라는 말이 있다. 굴은 바닷가에 살기에 민물의 영향을 많이 받는데, 비가 자주 오면 뭍의 유기물이 바다로 많이 흘러드니 먹을거리가 많아져 알이 옹골차고 먹음직스러운 굴로 익는다는 말이다. "언청이 굴회 굴리듯"은 언청이가 물렁물렁하고 미끈미끈한 생굴을 입안에 넣고 빠져나갈까 조심스럽게 굴리듯 하니, 무엇을 매우 조심스럽게 다루는 모양새를 이르는 말이다. 또 "남양 원님 굴회 마시듯 한다"는 눈 깜짝할 사이에 음식을 훌훌 먹어 치울 때나 어떤 일을 막힘없이 한숨에 처리할 때 쓰는 말이다. 참고로 남양은 지금의 경기도 화성으로 예전 남양도호부가 있던 곳이다. 특히 남양만에서 잡히는 굴은 알은 잘지만 맛이 뛰어나 입에 넣으면

씹을 틈도 없이 사르르 녹았다고 한다. 오늘따라 속이 출출한 필자도 흐르는 군침 탓에 글쓰기가 당최 힘들도다. 아마도 굴에 든 영양소가 내 몸에 영 모자라 벌충해야 한다는 증거일 터!

굴은 굴과에 속하는 연체동물의 총칭이다. 조개껍데기가 둘인 이매패류에 들며, 발이 도끼를 닮았다 하여 부족류라 부르기도 한다. 허참, 굴껍데기도 왼쪽 오른쪽이 있다고!? 굴은 왼쪽 껍데기로 갯바위에 바싹 달라붙으며, 미는 물(밀물)에 열고 써는 물(썰물)에 닫는 오른쪽 껍데기는 좀 더 작고 볼록하다. 두 껍데기의 연결부에 이빨은 없고 초승달 꼴의 검은색 또는 갈색인 인대가 있어 껍데기를 꽉 달라붙게 한다.

굴의 산란 적정 온도는 섭씨 22~25도이다. 유생은 여섯 시간이면 중요한 발생을 끝내고 2~3주 동안 둥둥 떠다니는 부유생활을 하며, 20일쯤 지나면 부착생활에 들어가 1년이면 성체가 된다. 다시 말해 유생은 탈바꿈(변태)을 하니, 섬모가 한 바퀴 뻉 돌아 둥그렇게 난 담륜자擔輪子 시기를 거친 다음 미사포velum를 두른 모양을 하는 피면자被面子가 되었다가, 다시 D자 모양의 어미 꼴을 한 유패幼貝가 되어 조개껍질이나 돌, 바위 따위에 내려앉아 터를 잡고 산다. 굴은 바닷물에 든 플랑크톤을 아가미로 걸러 먹는데, 이러한 먹이 섭취 방법을 '여과섭식'이라 한다.

굴은 암수한몸이지만 정소가 난소보다 먼저 성숙하는 웅성선숙성雄性先熟性을 한다. 이 때문에 성체가 된 첫해에는 수놈으로 정자를 만들지만, 2~3년이 지나면 암컷이 되어 알을 낳는다. 암놈 한 마리가 1년에 알을 1억 개나 낳는다고 하니 그저 놀라울 따름이다.

바닷가 사람들은 자연산 굴을 딸 때 농부가 호미를 다루듯 조새라는 갈고리를 쓴다. 두 껍질이 맞닿아 있는 인대 자리를 탁 쳐서 우각을 까고 안의 보드라운 속살을 예리한 갈고리로 콕 찍어 그릇에 담으니, 까고 찍는 갈고리가 다르며 연거푸 술하게 반복해도 군더더기 하나 없이 일사천리로 해내는, 말 그대로 굴 따기의 달인들이다!

이렇게 명인고수의 손길에 그만 짝을 잃고 바위에 납작 엎드린 홀로 남은 요지부동의 희뿌연 굴 껍데기들이 보인다. 멀리서 보면 뽀얀 껍데기들이 거무스레한 너럭바위에 두루 지천으로 다닥다닥 널려 있으니 돌에 백화白花가 한가득 오종종하게 핀 꼴이다. 그야말로 '돌꽃'이니, 굴의 다른 이름이 석화石花인 까닭이 여기에 있다.

우리나라에는 참굴Crassostrea gigas과 토굴Ostrea denselamellosa을 비롯해 3속 10종의 굴이 서식한다. 굴의 겉껍질은 다른 조개처럼 매끈하지 않고 꺼칠꺼칠하며, 나무의 나이테처럼 예리한 결이 있다. 천적은 게, 갯우렁이, 피뿔고둥, 바닷새 등이며, 사람도 못지않은 천적이지만 대신 사람은 여러 가지 방법으로 굴을 키워주니 굴 씨가 마를 위험이 없다.

요새 와서는 굴을 '바다 논밭'에서 주로 키워 먹는다. 남해안에서는 굴이나 가리비의 빈 껍데기를 올망졸망 줄에 꿰어 물밑에 뒤룽뒤룽 드리워놓는 '수하식(드림식)' 양식을 하며, 서해안에서는 널따란 갯벌에다 넓적한 돌을 적당한 간격으로 던져놓는 '투석식' 양식을 한다. 또 근래에는 프랑스에서 배워온 방식으로 그물보자기에 새끼 굴을 넣고 널평상 같은 곳에 올려놓아 키우는 '수평망식'도 쓴다. 늘 물속에 드리워놓는 남해안의 수하식보다는 서해안 조간대 갯벌에 던져놓는 투석식이나 그물망에 넣어 키우는 수평망식의 굴이 더 맛이 좋다. 여름에 찌는 듯한 무더위와 작열하는 땡볕에 자주 노출되고, 겨울에 칼바람을 내리맞아 땡땡 얼어 그런 것인데, 뭐든 극한 상황을 겪는 생물이 만일의 사태에 대비해 몸에 여러 영양분을 그득 쌓아놓기 때문이다. 세월에 지극히 곰삭은 노인이나 고생을 죽자한 사람에게 더 인간다운 따뜻한 맛이 들었듯이 말이지.

서양 사람들은 굴을 '바다의 우유'라 부르며 대표적인 남성 정력제로 취급한다. 우리 식으로 말하면 '바다의 인삼'인 셈인데, 그래서 "굴을 먹어라, 그러면 오래 사랑하리라!"는 말이 있다. 사실 굴에는 남성 호르몬을 합성하고 정자를 생성하는 데 필요한 영양소인 아연과 강력한 항산화제인 셀레늄selenium이 많이 들어 있다. 또 단백질과 글리코겐glycogen이 듬뿍 들어 있어 피로 해소에도 효과적이다.

굴은 한겨울에 먹어야 맛있고 영양도 풍부하다. 보통은 생굴을 초간장이나 초고추장에 찍어 먹지만 굴국, 굴밥, 굴소스, 굴깍두기, 굴김치, 굴장아찌, 굴전으로도 먹는다. 날로 먹는 굴은 영어로 '1월January'처럼 '알r' 자가 포함된 달(9월에서 4월까지)에 먹어야 안전하다는 말이 있다. 그렇지 않은 5~8월에는 굴이 산란기라 독성이 있고, 바닷물에도 비브리오균이나 살모넬라균, 대장균 등이 득실거려 생굴을 먹으면 큰 탈이 날 수도 있다고 한다.

1권

달팽이 더듬이 위에서
티격태격, 와우각상쟁

작은 고추가 맵다 | 이 거머리 같은 놈! | 쪽빛, 남색, 인디고블루는 같은 색 | 가물치 콧구멍이다! | 어버이 살아실 제 섬기기 다하여라, 까악! | 잎 줄기와 꽃은 천생 해바라기, 뿌리는 영락없이 감자인 뚱딴지 | 야 이놈아, 시치미 떼도 다 안다! | 지네 발에 신 신긴다 | 구불구불 아홉 번 굽이치는 구절양장 | 눈을 보면 뇌가 보인다 | 가재는 게 편이요, 초록은 동색이라 | 은행나무도 마주 심어야 열매가 연다 | 참새가 방앗간을 그저 지나랴 | 벼룩의 간을 내먹겠다 | 야, 학질 뗐네! | 자라 보고 놀란 가슴 솥뚜껑 보고 놀란다 | 임금님 머리에 매미가 앉았다? | 해로동혈은 다름 아닌 해면동물 바다수세미렷다! | 빈대도 낯짝이 있다 | 만만한 게 홍어 거시기다 | 나무도 아닌 것이 풀도 아닌 것이 | 달팽이 더듬이 위에서 티격태격, 와우각상쟁 | 이현령비현령이라! | 복어 헛배만 불렀다 | 보릿고개가 태산보다 높다 | 우렁이도 두렁 넘을 꾀가 있다 | 간에 붙었다 쓸개에 붙었다 한다 | 마

파람에 게 눈 감추듯 | 구더기 무서워 장 못 담그랴 | 뱁새가 황새 따라가다 가랑이 찢어진다 | 하루살이 같은 부유인생 | 호박꽃도 꽃이냐 | 꿩 대신 닭이라 | 망둥이가 뛰니 꼴뚜기도 뛴다 | 이름 없는 풀의 이름, 그령 | 두더지 혼인 같다 | 밴댕이 소갈머리 같으니라고 | 당랑거철이라, 사마귀가 팔뚝을 휘둘러 수레에 맞서? | 박쥐구실, 교활한 박쥐의 두 마음 | '부평초 인생'의 부평초는 무논의 개구리밥 | 개똥불로 별을 대적한다 | 귀 잘생긴 거지는 있어도 코 잘생긴 거지는 없다 | 토끼를 다 잡으면 사냥하던 개를 삶아 먹는다 | 견문발검, 모기 밉다고 칼을 뽑으랴 | 구렁이 담 넘어가듯 한다 | 쑥대밭이 됐다 | 썩어도 준치 | 노래기 회 쳐 먹을 놈 | 연잎 효과 | 녹비에 가로왈 자라

2권
─

소라는 까먹어도 한 바구니
안 까먹어도 한 바구니

인간만사가 새옹지마라! | 네가 뭘 안다고 촉새같이 나불거리느냐? | 고양이 쥐 생각한다 | 콩이랑 보리도 구분 못하는 무식한 놈, 숙맥불변 | 도로 물려라, 말짱 도루묵이다! | 미꾸라지 용 됐다 | 손톱은 슬플 때마다 돋고, 발톱은 기쁠 때마다 돋는다 | 메기가 눈은 작아도 저 먹을 것은 알아본다 | 오동나무 보고 춤춘다 | 여우가 호랑이의 위세를 빌려 거들먹거린다, 호가호위 | 물고에 송사리 끓듯 | 개구리도 옴쳐야 뛴다 | 곤드레만드레의 곤드레는 다름 아닌 고려엉겅퀴 | 두루미 꽁지 같다 | 눈썹에 불났다, 초미지급 | 넙치가 되도록 얻어맞다 | 언청이 굴회 마시듯 한다 | 칡과 등나무의 싸움박질, 갈등 | 달걀에 뼈가 있다? 달걀이 곯았다! | 소라는 까먹어도 한 바구니 안 까먹어도 한 바구니 | 오소리감투가 둘이다 | 못된 소나무가 솔방울만 많더라 | 진화는 혁명이다! | 등용문을 오른 잉어 | 이 맹꽁이 같은 녀석 | 도토리 키 재기, 개밥에 도토리 | 제비는 작아도 알만 잘 낳는

다 | 개 꼬락서니 미워서 낙지 산다 | 처음에는 사람이 술을 마시다가 술이
술을 마시게 되고, 나중에는 술이 사람을 마신다 | 악어의 눈물 | 우선 먹
기는 곶감이 달다 | 조개와 도요새의 싸움, 방휼지쟁 | 눈이 뱀장어 눈이면
겁이 없다 | 황새 여울목 넘겨보듯 | 엉덩이로 밤송이를 까라면 깠지 | 원
앙이 녹수를 만났다 | 짝 잃은 거위를 곡하노라 | 이 원수는 결코 잊지 않
겠다, 와신상담 | 재주는 곰이 부리고 돈은 주인이 받는다 | 원숭이 낯짝
같다 | 뭣도 모르고 송이 따러 간다 | 사또 덕분에 나팔 분다 | 호랑이가
새끼 치겠다 | 너 죽고 나 살자, 치킨 게임 | '새삼스럽다'는 말을 만든 것은
'새삼'이 아닐까? | 쥐구멍에도 볕 들 날 있다 | 떡두꺼비 같은 내 아들 |
그칠 줄 모르는 질주, 레밍 효과 | 피는 물보다 진하다 | 입술이 없으면 이
가 시리다, 순망치한

3권

고슴도치도 제 새끼는
함함하다 한다지?

뽕 내 말은 누에 같다 | 오이 밭에선 신을 고쳐 신지 마라 | 고슴도치도 제 새끼는 함함하다 한다 | 백발은 빛나는 면류관, 착하게 살아야 그것을 얻는다 | 후회하면 늦으리, 풍수지탄 | 파리 족통만 하다 | 새끼 많은 소 길마 벗을 날이 없다 | 자식도 슬하의 자식이라 | 빨리 알기는 칠월 귀뚜라미라 | 진드기가 아주까리 흉보듯 | 고래 싸움에 새우 등 터진다 | 사시나무 떨듯 한다 | 다람쥐 쳇바퀴 돌듯 | 창자 속 벌레, 횟배앓이 | 화룡점정, 용이 구름을 타고 날아 오르다 | 귀신 씨나락 까먹는 소리한다 | 양 머리를 걸어놓고 개고기를 판다 | 손뼉도 마주 쳐야 소리가 난다, 고장난명 | 기린은 잠자고 스라소니는 춤춘다 | 언 발에 오줌 누기 | 여덟 가랑이 대 문어같이 멀끔하다 | 까마귀 날자 배 떨어진다, 오비이락 | 임시방편, 타조 효과 | 목구멍이 포도청 | 사탕붕어의 검둥검둥이라 | 고사리 같은 손 | 부엉이 방귀 같다 | 수염이 대자라도 먹어야 양반 | 방심은 금물, 낙타의 코 | 벌레

먹은 배춧잎 같다 | 치명적 약점, 아킬레스건 | 흰소리 잘하는 사람은 까치 흰 뱃바닥 같다 | 계륵, 닭의 갈비 먹을 것 없다 | 웃는 낮에 침 뱉으랴 | 알토란 같은 내 새끼 | 혀 밑에 도끼 들었다 | 세상 뜸부기는 다 네 뜸부기냐 | 하루 일하지 않으면 하루 먹지 말라 | 첨벙, 몸을 날리는 첫 펭귄 | 잠자리 날개 같다 | 뽕나무밭이 변해 푸른 바다가 된다, 상전벽해 | 돼지 멱따는 소리 | 뻐꾸기가 둥지를 틀었다? | 뱉을 수도, 삼킬 수도 없는 뜨거운 감자 | 닭 잡아먹고 오리발 내민다 | 깨끗한 삶을 위해 귀를 씻다 | 역사에 바쁜 벌은 슬퍼할 틈조차 없다 | 산 입에 거미줄 치랴

4권
—

명태가 노가리를 까니,
북어냐 동태냐

탄광 속 카나리아 | 되는 집에는 가지나무에 수박이 열린다 | 코끼리 비스킷 하나 먹으나 마나 | 부아 돋는 날 의붓아비 온다 | 절치부심하여도 늙음을 막을 자 없으니 | 엿장수 맘대로 | 개떡 같은 놈의 세상 | 그 정도면 약과일세! | 전어 굽는 냄새에 집 나갔던 며느리 다시 돌아온다 | 집에서 새는 바가지는 들에서도 샌다 | 애간장을 태운다 | 명태가 노가리를 까니, 북어냐 동태냐 | 아닌 밤중에 홍두깨 | 송충이는 솔잎을 먹어야 산다 | 약방의 감초라! | 비위가 거슬리다 | 울며 겨자 먹기 | 이런 염병할 놈! | 새우 싸움에 고래 등 터진다 | 피가 켕기다 | 임금이 가장 믿고 소중하게 여기는 신하, 고굉지신 | 팥으로 메주를 쑨대도 곧이듣는다 | 캥거루족은 빨대족? | 정글의 법칙, 약육강식 | 강남의 귤을 북쪽에 심으면 탱자가 된다, 남귤북지 | 미주알고주알 밑두리콧두리 캔다 | 어이딸이 두부 앗듯 | 어물전 망신은 꼴뚜기가 시킨다 | 벌집 쑤시어 놓은 듯 | 미역국 먹고 생선 가

시 내랴 | 갈치가 갈치 꼬리 문다 | 빛 좋은 개살구 | 우황 든 소 같다 | 대추나무 연 걸렸네 | 진주가 열 그릇이나 꿰어야 구슬 | 귓구멍에 마늘쪽 박았나 | 무 밑동 같다 | 시다는데 초를 친다 | 메뚜기도 유월이 한철이다 | 가지나무에 목을 맨다 | 사후 약방문 | 숯이 검정 나무란다 | 콩나물에 낫걸이 | 비둘기 마음은 콩밭에 있다 | 훈장 똥은 개도 안 먹는다 | 족제비도 낯짝이 있다 | 될성부른 나무는 떡잎부터 알아본다 | 참깨 들깨 노는데 아주까리 못 놀까 | 가을 아욱국은 사위만 준다 | 아메바적 사고법